ABHANDLUNGEN DER SÄCHSISCHEN AKADEMIE
DER WISSENSCHAFTEN ZU LEIPZIG

Mathematisch-naturwissenschaftliche Klasse
Band 54 · Heft 2

GUNTER KABISCH

SCHWINGUNGSSPEKTROSKOPISCHE UND KERNRESONANZUNTERSUCHUNGEN AN TETRAALKYLAMMONIUMSALZLÖSUNGEN

Mit 29 Abbildungen und 11 Tabellen

AKADEMIE-VERLAG · BERLIN
1979

Vorgelegt durch Herrn Buchheim in der Sitzung am 10. Oktober 1977
Manuskript eingereicht am 10. Januar 1978
Druckfertig erklärt am 2. Juli 1979

Erschienen im Akademie-Verlag, DDR - 108 Berlin, Leipziger Straße 3—4

Lizenznummer: 202 · 100/210/79
Gesamtherstellung: VEB Druckhaus „Maxim Gorki", 74 Altenburg
Bestellnummer: 762 670 5 (2025/54/2) · LSV 1215, 1275
Printed in GDR
DDR 14,— M

GELEITWORT

Die Untersuchung von Dr. Kabisch ist im Rahmen des Forschungsprogramms „Thermodynamische und kinetische Eigenschaften konzentrierter Elektrolytlösungen" entstanden. Diese Eigenschaften sind von großer praktischer Bedeutung für die vielfältige Verwendung dieser Lösungen in der chemischen Großindustrie und der Metallurgie. Die theoretische Interpretation der Eigenschaften bietet noch immer große Schwierigkeiten, weil bei hohen Konzentrationen die Wechselwirkung Ion-Lösungsmittel, die Ionenassoziation und Komplexbildung großen Einfluß auf das Verhalten der Lösungen erlangen. Die Erweiterung statistischer Theorien, die sehr erfolgreich für verdünnte Lösungen entwickelt worden sind, liefert über diese Einflüsse keine quantitative Aussage.

In der Technik werden vorwiegend konzentrierte wäßrige Lösungen anorganischer Elektrolyte verwendet. Die Untersuchung der quarternären Ammoniumsalze, mit der sich Dr. Kabisch vorwiegend befaßt, liefert über die Aufklärung der Struktur dieser Lösungen hinaus auch Informationen über die Wechselwirkung zwischen anorganischen Ionen und Solvensmolekülen.

Durch den Vergleich von Kernresonanz- mit spektroskopischen Untersuchungen, unter bevorzugter Verwendung der Laser-Raman-Spektroskopie, wird die Interpretation der Ergebnisse abgesichert. Während für Kernresonanzuntersuchungen an Elektrolytlösungen vorwiegend Relaxationsmethoden benutzt werden, hat Dr. Kabisch vor allem die Verschiebung der Wasserresonanz und der Alkylprotonen in den quarternären Salzlösungen mit hochauflösender Kernresonanz gemessen. Die Struktur dieser Lösungen wird gegenüber der des Wassers schon bei niedrigen Konzentrationen stark und in völlig anderer Weise als durch anorganische Kationen verändert. Dabei spielen die hydrophoben Eigenschaften der Alkylreste eine wesentliche Rolle, während vermutete Wasserstoffbrücken zwischen diesen Resten und Wassermolekülen offenbar ohne Bedeutung sind. Daraus ergeben sich auch Konsequenzen für Elektrolytlösungen in biologischen Systemen. Dr. Kabischs Untersuchungen an Lösungen von Elektrolyten in organischen Solventien und ihren Gemischen mit Wasser machen die Bedeutung der kollektiven Eigenschaften der Wasserstruktur gegenüber anderen Solventien besonders deutlich.

Es ist zu hoffen, daß die in diesem Bericht mitgeteilten Ergebnisse für die vertiefte theoretische Behandlung von Elektrolytlösungen von Nutzen sind und Anregungen für weitere Untersuchungen geben.

Kurt Schwabe

Januar 1978

INHALT

1. EINLEITUNG UND PROBLEMSTELLUNG

Wäßrige Lösungen von Tetraalkylammonium(TAA-)-Salzen haben seit 1945, als Frank und Evans [1] die Struktur in diesen Lösungen als „Eisbergbildung" um die unpolaren Kohlenwasserstoffketten der Kationen deuteten, einen breiten Raum innerhalb der Elektrolytforschung eingenommen; eine Vielzahl von Arbeiten ist ihnen insbesondere während der letzten 15 Jahre gewidmet worden.

Die Ursache für das besondere Interesse an diesen Salzen ist vor allem darin zu sehen, daß sich die thermodynamischen, Transport- und spektroskopischen Eigenschaften ihrer wäßrigen Lösungen in vieler Hinsicht von denen anorganischer Elektrolyte unterscheiden. Aus der Vielzahl der Untersuchungsergebnisse an TAA-Salzlösungen sollen hier nur einige kurz genannt werden, um deren Sonderstellung zu verdeutlichen. Eine ausführlichere Zusammenstellung findet sich in dem Review-Artikel von Wen [2].

1. Die scheinbaren Molvolumia der TAA-Salze (außer Me_4N^+-Salze) zeigen für niedrige Konzentrationen eine negative Konzentrationsabhängigkeit $\left(\frac{\delta \varphi_2}{\delta c} < 0\right)$ [3, 4], während für anorganische 1-1-Elektrolyte φ_2 in Übereinstimmung mit dem Debye-Hückelschen Grenzgesetz linear mit $\sqrt{c}$ wächst.
2. Die scheinbare molale Wärmekapazität für Bu_4NBr liegt weit über dem bei fehlender Ion-Wasser-Wechselwirkung zu erwartenden Wert [5]. Es ist anzunehmen, daß der überschüssige Anteil zum „Schmelzen" der strukturverstärkten Bereiche in der Umgebung der Bu_4N^+-Ionen aufgebraucht wird.
3. Im Gegensatz zu Salzen anorganischer Kationen wird bei Zusatz von TAA-Salzen zu schwachkonzentrierten Säurelösungen der Aktivitätskoeffizient des H^+ herabgesetzt [6].
4. Die partiellen molalen Verdünnungswärmen (die mit den Exzeßenthalpien identisch sind [7]) von TAA-Salzen nehmen bei gegebenem Anion mit wachsender Kationengröße zu und besitzen für die Pr_4N^+- und Bu_4N^+-Halogenide die größten Werte unter allen 1:1-Elektrolyten überhaupt [8, 9].
5. Die Temperaturabhängigkeiten der B-Koeffizienten im linearen Glied der Entwicklung der Viskosität nach Potenzen der Konzentration deuten darauf hin, daß die Bu_4N^+- und Pr_4N^+-Ionen in ihrer unmittelbaren Umgebung eine Hydrathülle ausbilden, die einen höheren Strukturgrad aufweist als das reine Wasser [10]. Dagegen scheinen Me_4N^+-Ionen nach den Viskositätsmessungen strukturbrechende Eigenschaften zu besitzen, während die Et_4N^+-Ionen eine Mittelstellung einnehmen.
6. Zu einer ähnlichen Einteilung der TAA-Ionen bezüglich ihres Struktureffektes gelangte Bunzl [11] durch Untersuchung der 0,97 μ-Kombinationsschwingungsbande des Wassers in TAA-Salzlösungen. Auch Worley und Klotz [12] fanden aus den

NIR-Spektren von Bu_4NBr-HDO-D_2O-Lösungen für kleine Salzkonzentrationen einen strukturbildenden Einfluß des Bu_4NBr.
7. Röntgenstreuungsuntersuchungen an einer wäßrigen Lösung von 1,4 m Bu_4NF ergaben eine ähnliche Form der radialen Verteilungsfunktion wie im reinen Wasser, jedoch mit einem mittleren O-O-Abstand benachbarter H_2O-Moleküle von nur 2,80 Å (im Vergleich zu 2,85 Å beim reinen Lösungsmittel) [13]. Dies läßt auf eine Intensivierung der H-Brückenstruktur in der Umgebung der Bu_4N^+-Ionen schließen.
8. Die dielektrische Relaxationszeit τ_1 der Wassermoleküle erhöht sich bei Zusatz von TAA-Bromiden, wobei der Effekt mit der Größe des Kations stark zunimmt [14].
9. Eine ganze Reihe von Bu_4N^+-Salzen bilden feste Kristallhydrate mit einem ungewöhnlich hohen Gehalt an Wasser, etwa 32 H_2O-Molekülen pro Bu_4N^+-Ion, die clathratartig (d. h. in Käfigform) um das Kation angeordnet sind [15].

Die genannten Beispiele machen deutlich, daß insbesondere die größeren TAA-Ionen die Wasserstruktur viel stärker beeinflussen als man es aufgrund ihrer geringen Oberflächenladungsdichte bei ausschließlicher Berücksichtigung elektrostatischer Wechselwirkungen erwarten dürfte. Es müssen daher noch andere, für unpolare Gruppen spezifische Wechselwirkungen in wäßriger Lösung eine Rolle spielen.

In diesem Zusammenhang muß jedoch betont werden, daß es auch Untersuchungen gibt, die im Gegensatz zu den oben angeführten keinerlei Hinweise auf eine Sonderstellung der TAA-Salze im Vergleich zu anorganischen Elektrolyten erbringen. Dazu zählt z. B., daß alle TAA-Salze die Temperatur des Dichtemaximums des Wassers erniedrigen, und zwar um so stärker, je größer das Kation ist [16]. Diese Eigenschaft ist aber gerade charakteristisch für Strukturbrecher, unter die man die großen TAA-Ionen nach rein elektrostatischen Gesichtspunkten auch einordnen würde.

Der Grund für diese Widersprüchlichkeit der mit verschiedenen Untersuchungsmethoden gefundenen Aussagen ist vor allem darin zu sehen, daß unsere derzeitige Kenntnis von der Struktur des reinen Wassers noch sehr unzureichend ist (vgl. Abschn. 4.2.). Man kann natürlich nicht erwarten, daß die vielfältigen Methoden alle ein konsistentes Bild vom Einfluß der Ionen auf die Wasserstruktur liefern, solange diese selbst noch nicht von einem einheitlichen Gesichtspunkt aus verstanden werden kann.

Ein weiterer Grund für das Interesse an den TAA-Salzen besteht darin, daß die Kationen als Modellsubstanzen für die Hydratation unpolarer Stoffe in wäßriger Lösung angesehen werden können. Mit steigender Kettenlänge der Alkylreste wird der Einfluß der im Zentrum des Ions verschmierten Ladung immer mehr zugunsten des Einflusses der unpolaren Kohlenwasserstoffketten zurückgedrängt, so daß man durch Untersuchung homologer Reihen bezüglich der Alkylrestlänge oft extrapolieren kann auf die Wechselwirkungen, die ausschließlich von den unpolaren Gruppen herrühren. Bedingt durch die außerordentlich gute Löslichkeit vieler TAA-Salze in Wasser können die Untersuchungen solcher Wechselwirkungen bis in Bereiche sehr hoher Konzentration ausgedehnt werden.

Die hydrophoben Eigenschaften der unpolaren Kohlenwasserstoffketten der Kationen bringen die Untersuchungen an TAA-Salzlösungen in Verbindung mit bestimmten biophysikalischen Problemen. Es scheint mittlerweile erwiesen zu sein, daß hydrophobe Wechselwirkungen eine entscheidende Rolle spielen bei der Stabilisierung von Proteinkonformationen [17], d. h. mitverantwortlich sind für deren in wäßrigen Lösungen beobachtete Sekundär- und Tertiärstrukturen. Die hydrophobe Wechselwirkung manifestiert sich dabei in der Tendenz unpolarer Gruppen (z. B. verschiedener Proteinseitenketten), sich in wäßriger Lösung aneinanderzulagern und damit den effektiven Kontakt mit dem Wasser zu verringern.

Derselbe Mechanismus ist offensichtlich auch verantwortlich für die Beeinflussung der Denaturierungstemperatur (bei der Änderungen der Sekundär- und Tertiärstruktur der Proteine unter Verlust ihrer biologischen Aktivität erfolgen) durch TAA-Salze [18, 19].

Die Bearbeitung der vorliegenden Thematik erfolgte jedoch nicht ausschließlich wegen der spezifischen Eigenschaften der quarternären Ammoniumsalze und deren biophysikalischer Relevanz. Hinzu kommt nämlich noch, daß alle experimentellen Untersuchungen an konzentrierten Elektrolytlösungen auch deshalb von Bedeutung sind, weil es der Elektrolyttheorie bisher außerordentlich schwer fällt, bis in Bereiche hoher Konzentrationen vorzudringen. Die klassische DEBYE-HÜCKEL-Theorie, die ohnehin in sich nicht völlig konsistent ist [20], liefert mit all ihren späteren Erweiterungen allenfalls bis etwa $c \approx 0{,}1$ m vernünftige Ergebnisse. Die streng statistische Theorie, obwohl an sich widerspruchsfreier, stößt dagegen bei Konzentrationen von einigen Zehntel Mol bereits auf immense mathematische Schwierigkeiten [21], welche solch drastische Vereinfachungen bezüglich der Ion-Ion-Wechselwirkungspotentiale und der Ion-Solvens-Wechselwirkung notwendig machen, daß die Bedeutung der verbleibenden Parameter oft etwas unklar ist und deren Werte nur noch beschränkte Aussagekraft besitzen.

Andererseits werden in der industriellen Technik bei chemischen Reaktionen aus Gründen einer hohen Raumzeitausbeute meist konzentrierte Lösungen verwendet [22]. Es ist daher notwendig, die Eigenschaften solcher konzentrierten Elektrolytlösungen auf experimentellem Wege zu untersuchen.

Das Ziel der vorliegenden Arbeit besteht darin, durch Anwendung spektroskopischer Techniken einen Beitrag zur Aufklärung der strukturellen Besonderheiten in wäßrigen TAA-Salzlösungen zu leisten. Dabei sollte an die bereits vorliegenden Arbeiten von SCHWABE und Mitarbeitern angeknüpft werden [4, 6, 22, 23].

Zu den Untersuchungen wurden Kernresonanz- und Laser-RAMAN-Spektroskopie herangezogen; beide Methoden ergänzen sich sehr gut, weil ihre Zeitskalen sehr unterschiedlich sind. Bei der RAMAN-Streuung können Moleküle ein und derselben Sorte, die aber verschiedenen Struktureinheiten angehören, noch an verschiedenen Stellen des Spektrums nachgewiesen werden, wenn die Lebensdauer der betreffenden Strukturen nur etwa 10^{-13} s beträgt. In den stationären Protonenresonanzspektren dagegen werden getrennte Signale nur dann beobachtet, wenn sich ein Protonenspin im Mittel wenigstens $10^{-3} \ldots 1$ s in der betreffenden Struktureinheit aufhält. Bei kürzerer Lebensdauer ergeben sich im NMR-Spektrum Signale, die über die verschiedenen Strukturen, welchen das spintragende Molekül angehören kann, gemittelt sind.

Mit beiden Methoden wurden sowohl Messungen zum Einfluß der TAA-Salze auf die Resonanzen des Wassers als auch Untersuchungen der Spektren der Kationen selbst durchgeführt.

Alkylprotonenresonanzen der TAA-Ionen wurden auch in einigen organischen Lösungsmitteln untersucht; die dabei erhaltenen Ergebnisse bilden den Ausgangspunkt für die Interpretation der Meßresultate in wäßriger Lösung. Als Ergänzung zu den RAMAN-Messungen wurden ferner einige IR-Spektren der Valenzbande des Wassers in TAA-Salzlösungen aufgenommen.

Die Untersuchungen beziehen sich nur auf Salze symmetrischer TAA-Ionen mit $1 \ldots 4$ C-Atomen pro Alkylgruppe ($Me_4N^+ \ldots Bu_4N^+$). Bei den größeren Kationen handelt es sich dabei stets um n-Pr_4N^+ bzw. n-Bu_4N^+ und nicht um die iso-Formen.

2. BEMERKUNGEN ZU STRUKTUR UND WECHSELWIRKUNGEN VON TAA-IONEN

2.1 Geometrie und Ladungsverteilung

Hinreichend zuverlässige Daten über die geometrische Struktur der TAA-Ionen liegen bisher nur für Me_4N^+ vor. Für diese Verbindung kann eine exakt tetraedrische Anordnung der CH_3-Gruppen mit einem N-C-Abstand von etwa 1,47 ... 1,50 Å als gesichert angenommen werden. Für die größeren Ionen wird die T_d-Symmetrie durch die Zickzack-Struktur des Kohlenstoffgerüstes der Alkylgruppen erniedrigt. Aus Röntgenbeugungsuntersuchungen an verschiedenen kristallinen TAA-Salzen ist bekannt, daß die NCC- bzw. CCC-Winkel zwischen 100° und 115° liegen und die CC-Abstände etwa 1,50 bis 1,60 Å betragen. Ungeklärt ist allerdings, ob (insbesondere bei den Pr_4N^+- und Bu_4N^+-Ionen) die vier Alkylketten in der Lösung wie im Kristall längs der vier Tetraederrichtungen in den Raum hineinragen oder ob sie miteinander verknäult bzw. spiralförmig angeordnet sind [24]. Bezüglich der Radien der TAA-Ionen haben sich in der Literatur die von Robinson und Stokes [25] angegebenen Werte durchgesetzt (Me_4N^+: 3,47 Å; Et_4N^+: 4,00 Å; Pr_4N^+: 4,52 Å; Bu_4N^+: 4,94 Å); Abschätzungen von Conway und Mitarbeitern [26] aus scheinbaren Molvolumina haben allerdings etwas kleinere Werte geliefert.

Für die Interpretation der NMR- und Raman-Spektren der TAA-Ionen ist die Kenntnis der Ladungsverteilung in diesen Ionen sehr wichtig. Wir haben diese deshalb für das Me_4N^+- und das Et_4N^+-Ion quantenchemisch mit Hilfe eines in der AG Molekülphysik der Karl-Marx-Universität Leipzig vorliegenden Computerprogramms berechnet, welches nach einer semiempirischen Version der PCILO-Methode (Perturbative Configuration Interaction using Localized Orbitals) arbeitet [27]. Dabei werden explizit nur die Valenzelektronen berücksichtigt, die MO's werden aus Hybridfunktionen in Richtung der Bindungen gebildet und die differentiellen Überlappungen vernachlässigt (ZDO-Näherung).

Die Koeffizienten der Hybridfunktionen in den erhaltenen Wellenfunktionen werden dann zur Berechnung der Valenzbruttoladungen der einzelnen Atome benutzt [28]. Die sich daraus ergebenden Dipolmomente stimmen bei Rechnungen an polaren Molekülen recht gut mit den experimentellen Werten überein; dies zeigt, daß diese Methode der Bestimmung von Ladungsverteilungen vernünftige Ergebnisse liefert.

Alle Bindungswinkel wurden bei den Rechnungen als rein tetraedrisch angenommen und für die Bindungslängen folgende Werte verwendet:

$$R_{NC} = 1{,}47\ \text{Å};\ R_{CC} = 1{,}54\ \text{Å};\ R_{CH} = 1{,}09\ \text{Å}.$$

Die erhaltenen Valenzbruttoladungen für die einzelnen Atome von Me_4N^+ und Et_4N^+ sind den beiden Skizzen zu entnehmen, wobei in Klammern jeweils das Ladungsdefizit für das betreffende Atom, bezogen auf die Anzahl seiner Valenzelektronen im ungebundenen Zustand (N = 5, C = 4, H = 1), angegeben ist:

Me_4N^+

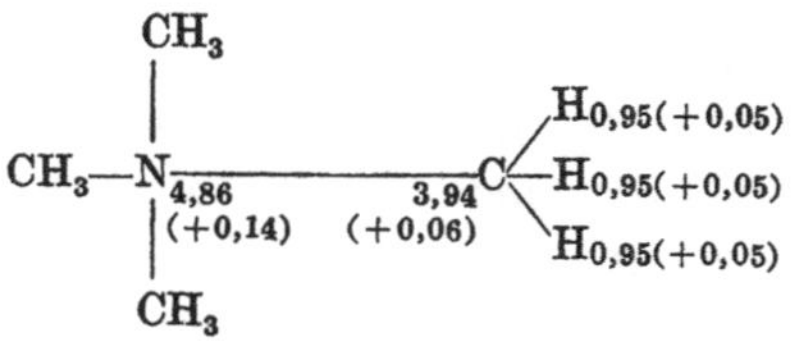

Et_4N^+

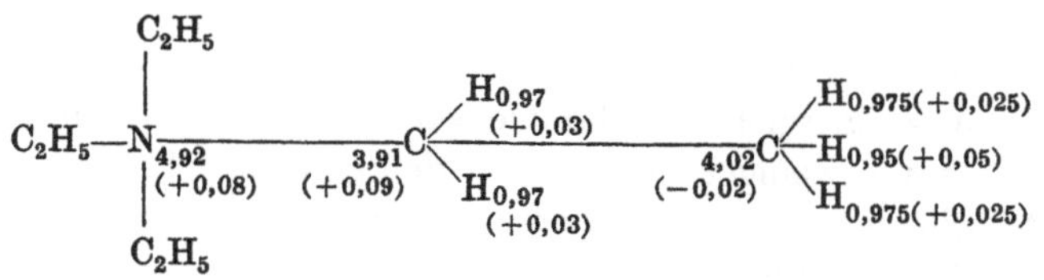

Die Ergebnisse zeigen, daß die positive Ladung nicht am N-Atom lokalisiert ist, sondern sich jeweils über das gesamte Ion verschmiert. Insbesondere die H-Atome und die dem Stickstoff benachbarten C-Atome weisen eine verringerte Elektronendichte zugunsten des N^+ auf, so daß dessen fehlende Ladungseinheit im Molekülverband weitgehend kompensiert ist. Für Me_4N^+ wurden die Rechnungen auch mit zwei weiteren Werten für die N—C-Bindungslänge durchgeführt (R_{NC} = 1,40 bzw. 1,54 Å); die Atomladungen erwiesen sich jedoch als relativ unempfindlich gegenüber diesen Änderungen und unterschieden sich von den oben angeführten maximal um 0,017 Ladungseinheiten.

Port und Pullmann [29] haben ab initio-Rechnungen an den obengenannten Ionen durchgeführt und fanden, daß die positive Ladung am Stickstoff sogar überkompensiert ist, sich also im Zentrum des Iones eine negative Nettoladung von $-0{,}158e$ (Me_4N^+) bzw. $-0{,}172e$ (Et_4N^+) befindet. Für die C-Atome ergaben sich ebenfalls geringe negative Nettoladungen, während die H-Atome ein Elektronendefizit von etwa je $0{,}1e$ aufweisen.

Die berechneten Ladungsverteilungen beziehen sich natürlich auf die isolierten Ionen; sie ändern sich sicher geringfügig, falls die Me_4N^+- bzw. Et_4N^+-Salze im kristallinen Zustand oder in wäßriger Lösung vorliegen (infolge der Kristallfelder bzw. Wechselwirkungen mit den Lösungsmittelmolekülen oder anderen Ionen). Die Schlußfolgerung, daß die positive Ladung nicht am Stickstoff sitzt, sondern vornehmlich über die benachbarten Methylengruppen verschmiert ist, sollte davon jedoch unberührt bleiben. Ähnliches wird sicherlich auch auf die größeren Pr_4N^+- und Bu_4N^+-Ionen zutreffen, für die analoge Rechnungen auf Grund der beschränkten Speicherkapazitäten der verfügbaren Computer nicht durchgeführt werden konnten.

2.2. Abschätzung einiger Wechselwirkungsenergien in TAA-Salzlösungen

Bevor aus den experimentellen Ergebnissen Aussagen über die Struktur von TAA-Salzlösungen abgeleitet werden, erscheint es zweckmäßig, sich Klarheit über die Größenordnung der in diesen Lösungen auftretenden Wechselwirkungen (*WW*) zu verschaffen.

Mit einfachen Näherungsformeln (siehe z. B. [30, 31]) wurden deshalb die Energien verschiedener Wechselwirkungen zwischen TAA-Ionen und Wassermolekülen sowie der Ionen untereinander grob abgeschätzt.

Bei den Ion-Ion-WW überwiegen natürlich bei weitem die elektrostatischen Beiträge. Die COULOMB-Energien der als Punktladungen approximierten Ionen liegen im Fall größtmöglicher Annäherung[1]) ($r = R_1 + R_2$) für die WW zwischen R_4N^+- und Halogenidionen zwischen 80 kT ($Bu_4N^+ \leftrightarrow J^-$) und 120 kT ($Me_4N^+ \leftrightarrow F^-$), wobei $kT = 4 \cdot 10^{-14}$ erg ($\triangleq T = 17\,°C$) als Bezugsgröße benutzt wird. Die abstoßenden COULOMB-WW zweier gleichartiger R_4N^+-Ionen haben (ebenfalls bei dichtem Kontakt) Energien zwischen -58 kT ($Bu_4N^+ \leftrightarrow Bu_4N^+$) und -83 kT ($Me_4N^+ \leftrightarrow Me_4N^+$).

Falls die Ladungsverteilung des Me_4N^+-Ions nicht durch eine Punktladung, sondern durch die in Abschn. 2.1. angegebenen PCILO-Atomladungen approximiert wird, erhält man elektrostatische WW-Energien (als Summe von COULOMB-Termen zwischen den Atomladungen), die sich um weniger als 1% von den COULOMB-Energien des Punktladungsmodells unterscheiden [32]. Dies zeigt, daß WW höherer Multipolmomente (Ladung $\leftrightarrow$ Quadrupol; Quadrupol $\leftrightarrow$ Quadrupol) von untergeordneter Bedeutung sind.

Neben elektrostatischen Beiträgen sind bei den Ion-Ion-WW vor allem noch die Induktionskräfte zu beachten. Für die Energie der WW zwischen einem Br^--Ion und dem von ihm in einer Äthylgruppe eines Et_4N^+-Ions induzierten Dipolmoment liefert eine Abschätzung nach $E_{\text{Ind}} = \frac{1}{(4\pi\varepsilon_0)^2} \cdot \frac{e^2\alpha}{2r^4}$ mit $r \approx R_{Br^-} + \frac{1}{2} R_{Et_4N^+}$ und $\alpha(C_2H_5) = 4 \cdot 10^{-24}\,\text{cm}^3$ einen Wert von 4,7 kT. Ist dagegen das induzierende Ion ebenfalls ein Et_4N^+-Ion, so ist die Induktionsenergie um fast eine Größenordnung geringer.

Für die Dispersionsenergie gilt näherungsweise [30]

$$E_{\text{Disp.}} = \frac{3}{2} \frac{I_1 \cdot I_2}{I_1 + I_2} \cdot \frac{\alpha_1 \alpha_2}{r^6},$$

wobei die I_i die Ionisierungsenergien (bei negativen Ionen die Elektronenaffinitäten des neutralen Atoms) sind. Die Energien der stets anziehenden Dispersions-WW sowohl zweier R_4N^+-Ionen als auch eines R_4N^+-Ions mit einem Halogenid-Anion liegen in der Größenordnung von 1 kT und hängen bei der WW zweier R_4N^+-Ionen stark davon ab, wie deren Alkylgruppen im Falle dichtester Annäherung gegeneinander angeordnet sind [32].

Bei den WW zwischen TAA-Ionen und Wassermolekülen dominieren natürlich die Ion-Dipol-Beiträge. Deren Energien liegen bei dichter Annäherung ($r = R_{R_4N^+} + R_{H_2O}$) zwischen 5,5 kT ($Bu_4N^+ \leftrightarrow H_2O$) und 9,3 kT ($Me_4N^+ \leftrightarrow H_2O$), d. h. in derselben Größenordnung wie die Dipol-Dipol-Energie zweier Wassermoleküle ($\approx 7{,}4$ kT). In einer besseren Näherung kann man für die R_4N^+-Ionen die PCILO-Atomladungen ansetzen und das H_2O-Molekül durch vier tetraedrische Punktladungen (je $+0{,}19e$ für die abgeschirmten Protonen und je $-0{,}19e$ für die lone-pairs des Sauerstoffs; Abstand zum Zentrum jeweils 1,0 Å [33]) approximieren. Für die elektrostatische WW-Energie zwischen Me_4N^+ und H_2O ergibt sich dann ein Wert von 9,97 kT.

Die TAA-Ionen können in einem H_2O-Molekül ein zusätzliches Dipolmoment in-

[1]) Angaben über die WW-Energien bei größerem Abstand der Ionen können nicht gemacht werden, da die lokale DK des dann zwischen ihnen befindlichen Wassers nicht bekannt ist.

duzieren. Die Energien dieser Induktions-WW liegen zwischen 0,47 kT (Me_4N^+) und 0,26 kT (Bu_4N^+) und sind damit nicht wesentlich größer bzw. sogar kleiner als die WW-Energie eines permanenten H_2O-Dipols mit dem von ihm in einem benachbarten H_2O-Molekül zusätzlich induzierten Dipol (0,47 kT). Diese Tatsache ist wesentlich für die Interpretation der chemischen Verschiebungen der Wasserresonanz.

Umgekehrt polarisiert das elektrische Feld eines Wasserdipols auch die Alkylgruppen der Kationen. Die Energien dieser Induktions-WW sind aber um eine Größenordnung niedriger als in dem Fall, daß die Polarisation der Alkylgruppen z. B. durch ein Br^--Anion erfolgt.

Die Dispersionsenergien zwischen R_4N^+-Ionen und H_2O-Molekülen dürften bei etwa 1 kT liegen [32].

3. KERNRESONANZ-UNTERSUCHUNGEN

3.1. Vorbemerkungen

Über Relaxationszeitmessungen an wäßrigen TAA-Salzlösungen ist in der Literatur schon mehrfach berichtet worden [34—38]; wir haben unsere NMR-Untersuchungen daher auf die stationären Protonenresonanzen beschränkt.

Für die stationären Protonenresonanzmessungen bieten sich zwei Möglichkeiten an. Einmal kann man die Verschiebungen der Wasserresonanz bei Elektrolytzusatz untersuchen, und zum anderen können, da die Kationen selbst Protonen enthalten, aus der Abhängigkeit der Kationenresonanzen von Konzentration, Anion, Temperatur und Lösungsmittel Informationen gewonnen werden.

Zu den Einflüssen der TAA-Salze auf die Wasserresonanz sind schon Untersuchungen durchgeführt worden, allerdings mit recht widersprüchlichen Ergebnissen und Interpretationen [39—42]. Es erschien uns daher angebracht, mit einem leistungsfähigen Hochauflösungsspektrometer die molalen Verschiebungen der H_2O-Resonanz nochmals zu messen und insbesondere deren Temperaturabhängigkeiten zu studieren.

Über systematische Untersuchungen zum Verhalten der Alkylprotonenresonanzen der Kationen ist bisher noch nicht berichtet worden. Uns sind lediglich drei Arbeiten bekannt, in denen diese Problematik berührt wird: In einer Studie über die Tetraalkylverbindungen der Elemente der V. Hauptgruppe behandeln Randall und Shaw [43] auch die NMR-Spektren einiger TAA-Salze, ohne daß dabei allerdings das Schwergewicht auf den Strukturen ihrer Lösungen liegt. Vor allem fehlt eine eingehende Untersuchung der Konzentrationsabhängigkeit. Larsen und Wahl [44] fanden starke Verschiebungen der Kationenresonanzen bei Anwesenheit paramagnetischer Ionen und schließlich untersuchten Buchson und Smith [45] die Verschiebungen der $CH_2^{(1)}$-Resonanz für Bu_4N^+-Salze in Nitrobenzollösung.

Im Abschn. 3.4. wird erstmals über systematische Untersuchungen der Kationenspektren in diamagnetischen TAA-Salzlösungen berichtet und gezeigt, daß daraus nützliche Informationen über die Struktureinheiten in diesen Lösungen, vor allem über Ionenassoziationen, gewonnen werden können.

3.2. Experimentelles

Die Messungen wurden an einem VARIAN-HA 100-Spektrometer ($\omega_0 = 100$ MHz) der Sektion Physik der Karl-Marx-Universität Leipzig durchgeführt. Die Einstellung der gewünschten Meßtemperaturen erfolgte mit der Temperature-Controller-Einheit von VARIAN, bei der die Probe von einem Stickstoffstrom umspült wird. Zur Eichung der eingestellten Temperaturen wurden die chemischen Verschiebungen von Methanol (für $T < 30\,°C$) bzw. Äthylenglykol ($T > 30\,°C$) benutzt.

In der Mitte des rotierenden koaxialen Proberöhrchens wurde mit Teflonringen eine dünne Kapillare mit der Referenzsubstanz HMDS eingebracht, deren Protonenresonanz als Lock-Signal diente. Die chemische Verschiebung der Wasserprotonen wurde jedoch nicht auf das HMDS-Signal bezogen, da die bei solchen externen Standards notwendigen Suszeptibilitätskorrekturen meist die Ursache relativ großer Fehler in den ermittelten molalen Verschiebungen sind [46].

Als Bezugslinien für die chemische Verschiebung der Wasserprotonen wurden statt dessen die $CH_2^{(1)}$- und CH_3-Resonanzen der Kationen verwendet, die sich mit zunehmender Salzkonzentration nur wenig verschieben (insbesondere die CH_3-Resonanz, vgl. [32], Anhang II).

Die verwendeten TAA-Bromide, -Jodide und -Hydroxide wurden kommerziell bezogen. Et_4NCl und Et_4NClO_4 wurden durch Neutralisation einer 22%igen Et_4NOH-Lösung mit HCl bzw. $HClO_4$ hergestellt, Et_4NNO_3 durch stöchiometrische Umsetzung von Et_4NJ mit $AgNO_3$. Für die Herstellung einer gesättigten wäßrigen Pr_4NF-Lösung durch Neutralisation von Pr_4NOH und anschließendes Einengen sei an dieser Stelle Herrn Dr. W. HOFFMANN (ZfK Rossendorf) herzlich gedankt.

Die Lösungen wurden ausschließlich durch Wägen hergestellt, d. h. entweder durch Zusatz einer bestimmten Salzmenge zum reinen Lösungsmittel oder durch definierte Zugabe weiteren Lösungsmittels zu einer bereits vorhandenen Stammlösung bekannter Konzentration (z. B. für Pr_4NF in H_2O). Dabei wurde ausschließlich bidestilliertes Wasser verwendet; die organischen Lösungsmittel waren vom Reinheitsgrad p. A. und wurden genau wie die TAA-Salze ohne weitere Reinigung benutzt. In den NMR-Spektren der Lösungen waren keine Resonanzlinien von Verunreinigungen nachweisbar.

3.3. Chemische Verschiebung der Wasserprotonen

3.3.1. Allgemeine Bemerkungen

Infolge der Abschirmung des äußeren statischen Magnetfeldes $\boldsymbol{H}_0$ durch die Elektronenhüllen der Moleküle lautet die genaue Resonanzbedingung für Kernspinübergänge, die durch ein HF-Feld der Frequenz ω_0 induziert werden:

$$\omega_0 = \gamma \boldsymbol{H}_0 \cdot (1 - \sigma),$$

wobei σ die Abschirmkonstante ist. Die chemische Verschiebung ist dann definiert durch

$$\delta = \sigma_r - \sigma,$$

wenn σ_r die Abschirmkonstante einer Referenzsubstanz ist, relativ zu der man die Verschiebung mißt.

Die chemische Verschiebung (d. h. die Position der Resonanzlinie im Spektrum) ist sehr empfindlich gegenüber Änderungen in der molekularen Umgebung des betreffenden Protons. Besonders ausgeprägt ist dies bei den Wasserprotonen, von denen zumindest ein großer Teil an Wasserstoffbrückenbindungen beteiligt ist. Die Bildung einer H-Brücke O—H ... O ist mit einer starken Änderung der Elektronenstruktur der O—H-Bindung verknüpft, die man anschaulich als ein teilweises Heraustreten des Protons aus dieser Elektronenhülle beschreiben kann. Dies führt zu einer Verringerung der elektronischen Abschirmung des H-Brücken-Protons und damit zu einer Verschiebung der Resonanzstelle nach niedrigen Feldstärken verglichen mit der Resonanz eines nichtassoziierten Wassermoleküls [47].

Infolge des sehr schnellen intermolekularen Protonenaustausches beobachtet man jedoch im reinen Wasser keine getrennten Resonanzsignale für assoziierte und nichtassoziierte OH-Gruppen, sondern nur eine Linie mit einer chemischen Verschiebung, die ein gewichtetes Mittel über die Verschiebungen im gebundenen und ungebundenen Zustand ist (bzw. über eine kontinuierliche Verteilung von Verschiebungen infolge einer Verteilung der H_2O-Moleküle auf die H-Brückenenergien, wenn man vom Kontinuumsmodell ausgeht).

Natürlich bewirkt der Zusatz von Elektrolyten eine Verschiebung der Wasserprotonenresonanz, da die Ionen in ihrer Umgebung die Wasserstruktur verändern. Aus der Abhängigkeit von δ_{H_2O} von der Konzentration eines bestimmten Elektrolyten sowie von der Temperatur können daher Aussagen über das Hydratationsverhalten der betreffenden Ionen gewonnen werden.

Getrennte Resonanzsignale für die H_2O-Moleküle in den Hydrathüllen der Ionen und im freien Wasserverband konnten bisher nur in konzentrierten Lösungen von Salzen einiger mehrwertiger Kationen (Al^{3+}, Ga^{3+}, Be^{2+}, Mg^{2+}), die auf ca. $-50\,°C$ unterkühlt waren, nachgewiesen werden [48, 49]. Hier sind einige Wassermoleküle ($n_H = 6$ für Al^{3+}, Ga^{3+} und Mg^{2+}, $n_H = 4$ für Be^{2+} [48]) so fest an das betreffende Kation gebunden, daß man im Protonenresonanzspektrum für sie eine getrennte Linie findet, die um einige Hundert Hertz gegenüber der Resonanz des übrigen Wassers (freies Wasser + Hydrathüllen der Anionen) verschoben ist.

Bei allen anderen Salzen und normalen Temperaturen erhält man im Protonenresonanzspektrum nur eine scharfe Wasserlinie, deren chemische Verschiebung das gewichtete Mittel der chemischen Verschiebungen aller in der Lösung vorhandenen Wasserspezies ist. Daraus folgt, daß die Bedingung $\Delta\omega \cdot \tau \ll 1$ erfüllt ist, wobei $\Delta\omega$ die Differenz der lokalen Larmorfrequenzen der Wasserprotonen in der Hydrathülle der Ionen bzw. im ungestörten Wasserverband und τ die mittlere Aufenthaltsdauer eines Protonenspins in einer dieser Lagen ist. Da $\Delta\omega$ in der Größenordnung von 200 bis 500 Hz liegt [48], muß τ viel kleiner als 10^{-2} s sein. τ wird begrenzt sowohl durch den Austausch der Lösungsmittelmoleküle zwischen den Hydrathüllen und dem freien Wasser als auch durch die endliche Verweilzeit eines Protons in einem bestimmten Wassermolekül. Das Auftreten nur einer scharfen H_2O-Linie in Elektrolytlösungen beweist somit, daß beide Austauschprozesse sehr schnell vor sich gehen und insbesondere die Aufenthaltsdauer eines bestimmten Solvensmoleküls in der Hydrathülle eines Ions sehr kurz ist.

3.3.2. Modell für den Einfluß von Ionen auf die chemische Verschiebung des Wassers

Die chemische Verschiebung in wäßrigen Elektrolytlösungen wird von mehreren Faktoren beeinflußt. Da diese zur Zeit theoretisch noch nicht erfaßt werden können, ist man zunächst auf qualitative Modellvorstellungen angewiesen. Für die folgende Diskussion nehmen wir an, daß sich die Änderung der chemischen Verschiebung des Wassers bei Elektrolytzusatz (insbesondere die molale Verschiebung b der H_2O-Resonanz) aus drei Beiträgen zusammensetzt:

$$b = b_{cav} + b_{el} + b_{str}.$$

Der Term b_{cav} berücksichtigt, daß der Einbau von Ionen in die Wasserstruktur zunächst die Schaffung von Hohlräumen in derselben voraussetzt, die der Größe der Ionen entsprechen. Beim „Herausschneiden“ solcher Hohlräume werden H-Brücken zwischen den Wassermolekülen zerstört; es entsteht eine upfield-shift der Wasserprotonenresonanz, die proportional zur Zahl der „zerschnittenen“ H-Brücken und damit zur Größe der Ionen ist.

Der Beitrag b_{el} beschreibt den direkten Einfluß des elektrischen Feldes eines Ions auf die chemische Verschiebung der Wassermoleküle. Für ein H_2O-Molekül in der Umgebung eines Ions wirkt am Ort der Protonen nicht mehr das gleiche mittlere elektrische Feld wie im ungestörten Wasserverband, da ein Teil der benachbarten Wasserdipole durch die Ladung des Ions ersetzt ist. Die meisten anorganischen Ionen erzeugen in ihrer näheren Umgebung Feldstärken, die wesentlich größer sind als die von den verdrängten Wasserdipolen hervorgerufenen. Im allgemeinen erhöht sich daher die mittlere Stärke des elektrischen Feldes, dem die Protonen in der Hydrathülle eines Ions ausgesetzt sind; dieser Effekt führt daher zu einer downfield-shift ihrer Resonanzlinie [50], die um so ausgeprägter ist, je kleiner und je stärker geladen ein Ion ist.

Schließlich erzeugen die Ionen um sich eine Hydratstruktur, die von der des freien Wassers verschieden ist. Diese beeinflußt natürlich auch die chemische Verschiebung der H_2O-Moleküle in der Hydrathülle, insbesondere dann, wenn die Strukturänderung mit einer Änderung der Zahl oder Stärke der H-Brücken zwischen den Wassermolekülen verbunden ist (Beitrag b_{str}).

Bevor aus den gemessenen molalen Salzverschiebungen Aussagen über Hydratstrukturen gemacht werden können, ist jeweils eine Abschätzung der Größe von b_{cav} und b_{el} notwendig, die mit der Strukturbeeinflussung direkt nichts zu tun haben. Damit ist auch das sogenannte SHOOLERY-ALDER-Kriterium [51] nicht haltbar, nach welchem Elektrolyte, deren Zusatz die Protonenresonanz des Wassers nach höheren Feldstärken verschiebt (genau wie eine Temperaturerhöhung), als Strukturbrecher, und Elektrolyte, die eine downfield-shift analog zur Temperaturerniedrigung beim reinen Wasser bewirken, als Strukturbildner klassifiziert werden. Die Verschiebung der Protonenresonanz bei Temperaturerhöhung im reinen Wasser einerseits und bei Zusatz von Elektrolyten andererseits können nicht unmittelbar in Beziehung gebracht werden, da im letzteren Falle die Beiträge b_{cav} und b_{el} mit dem eigentlichen Struktureffekt b_{str} interferieren.

Aus dem Zusammenwirken der genannten drei Faktoren läßt sich auch verstehen, warum einige als ausgesprochen strukturbildend bekannte Salze (z. B. LiCl, NaCl) eine upfield-shift der Wasserresonanz bewirken [52]. Die Strukturerhöhung in der Hydrathülle der Kationen (b_{str}) und die direkte Wirkung der Ionenladungen (b_{el}) reichen offenbar nicht aus, um die sterische Störung der Wasserstruktur (b_{cav}) vor allem durch die relativ großen Anionen zu kompensieren. Für die entsprechenden Mg- und Al-Salze dagegen dominiert auf Grund der außerordentlich hohen Oberflächenladungsdichte der Kationen der Term b_{el} und es wird eine downfield-shift beobachtet [50, 52]

3.3.3. Ergebnisse und Diskussion für TAA-Salzlösungen

Der Einfluß auf die chemische Verschiebung der Wasserprotonenresonanz wurde für alle TAA-Bromide (R = Me, ..., Bu) über den gesamten Löslichkeitsbereich der Salze hinweg bei verschiedenen Temperaturen (T = 7, 29, 46, 65 °C) untersucht, ferner für Et_4NJ und Pr_4NF bei T = 29 °C.

In Abb. 1 sind die Ergebnisse der Messungen für $T = 29\,°C$ dargestellt, wobei δ_{H_2O} die durch Extrapolation auf $c = 0$ erhaltene chemische Verschiebung des reinen Wassers und δ_{Sol} die chemische Verschiebung der H_2O-Resonanz in einer Lösung mit der auf der Abszisse angegebenen Konzentration ist. Man sieht, daß alle TAA-Bromide die Wasserlinie nach höherem Magnetfeld verschieben (das gilt nicht nur für $T = 29\,°C$, sondern auch für alle anderen Meßtemperaturen¹), während Pr_4NF eine downfield-shift der H_2O-Resonanz verursacht ($\delta_{Sol} > \delta_{H_2O}$)). Der Zusatz von Et_4NJ bewirkt eine noch stärkere upfield-shift der Wasserlinie als der des entsprechenden Bromids¹).

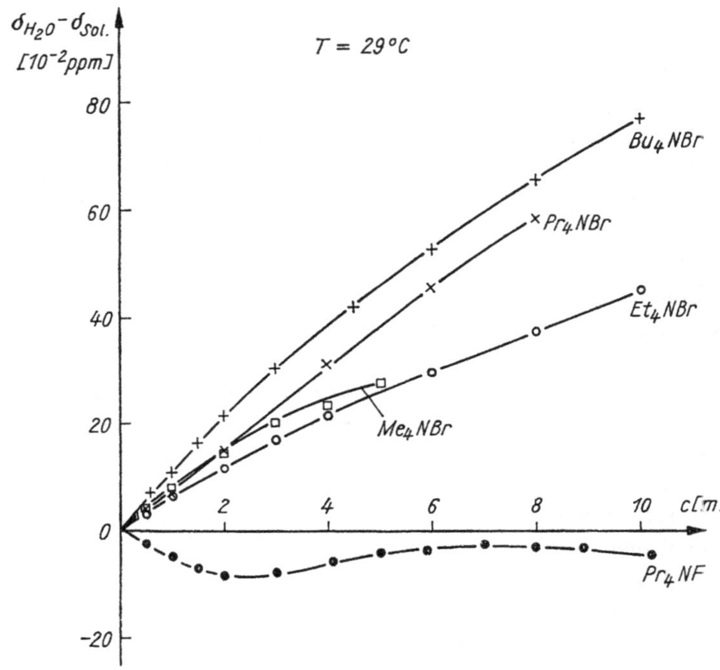

Abb. 1. Chemische Verschiebung der Wasserprotonen bei Zusatz von TAA-Salzen (bezogen auf die CH_3-Resonanz des jeweiligen Kations)

Die Abhängigkeit von δ_{Sol} von der Konzentration ist für alle Salze (einzige Ausnahme: Bu_4NBr bei tiefen Temperaturen) im Bereich $c \lesssim 2$ m zumindest innerhalb der Meßgenauigkeit linear. Erst bei höheren Konzentrationen setzt eine leichte Abflachung der Kurven ein, offenbar infolge zunehmender Ionenassoziationen und gegenseitigem Durchdringen der Hydrathüllen der Ionen.

Die Hydratationseigenschaften (d. h. die reinen Ion-Solvens-WW) spiegeln sich in erster Linie im Anstieg der Kurven im Bereich kleiner Konzentrationen wider. Wir haben diese Anstiege für die oben angeführten Salze und Temperaturen bestimmt, indem durch die jeweils 5···12 vorhandenen Meßwerte im Konzentrationsbereich $c \leqq 1$ m nach der Methode der kleinsten Quadrate die bestmögliche Gerade gelegt wurde. Der Anstieg der Geraden kann wegen der vernachlässigbaren Abweichungen von der Lineari-

¹) Ausführliche Tabellen der Konzentrationsabhängigkeit der chemischen Verschiebungen für alle Salze und Meßtemperaturen finden sich im Anhang I von Ref. [32].

tät mit den molalen Verschiebungen der Wasserresonanz bei unendlicher Verdünnung gleichgesetzt werden:

$$\delta_{\mathrm{Sol}} = \delta_{\mathrm{H_2O}} + b \cdot c$$
$$\delta_{\mathrm{H_2O}} = \lim_{c \to 0} \delta_{\mathrm{Sol}}, \qquad b = \left.\frac{d\delta_{\mathrm{Sol}}}{dc}\right|_{c \to 0} \tag{1}$$

Die molalen Verschiebungen b sind so definiert, das positive Werte einer downfield-shift der Wasserresonanz entsprechen. Die maximalen Fehler der bei den Least-squares fits bestimmten Parameter wurden zu $\pm 0{,}4 \cdot 10^{-2}$ ppm für $\delta_{\mathrm{H_2O}}$ und $\pm 0{,}5 \cdot 10^{-2}$ ppm · Mol^{-1} für b abgeschätzt [32].

Aus den bei verschiedenen Temperaturen (aber gleichem Elektrolyten und gleicher Bezugslinie) ermittelten Werten $\delta_{\mathrm{H_2O}}$ (vgl. [32], Tab. 3) kann der mittlere Temperaturkoeffizient der chemischen Verschiebung des reinen Wassers im entsprechenden Intervall $[T_1, T_2]$ bestimmt werden. Durch Mittelung über die Ergebnisse für die einzelnen Salze erhalten wir für die durch unsere benachbarten Meßtemperaturen gebildeten Intervalle folgende Werte:

$$\frac{d\delta_{\mathrm{H_2O}}}{dT} = \begin{cases} -1{,}16 \cdot 10^{-2}\ \text{ppm grd}^{-1} \text{ im Intervall } [+7\,^\circ\mathrm{C}, +29\,^\circ\mathrm{C}] \\ -1{,}10 \cdot 10^{-2}\ \text{ppm grd}^{-1} \text{ im Intervall } [29\,^\circ\mathrm{C}, 46\,^\circ\mathrm{C}] \\ -0{,}94 \cdot 10^{-2}\ \text{ppm grd}^{-1} \text{ im Intervall } [46\,^\circ\mathrm{C}, 65\,^\circ\mathrm{C}] \end{cases}$$

Die upfield-shift der Resonanz des reinen Wassers bei Temperaturerhöhung (infolge Abnahme der Zahl bzw. mittleren Stärke der H-Brücken) ist also bei niedrigen Temperaturen am stärksten. Unsere mittleren Temperaturkoeffizienten stimmen sehr gut mit den entsprechenden Anstiegen der $\delta_{\mathrm{H_2O}}(T)$-Kurve überein, die von Hindman [52] bei Messungen an reinem Wasser mit externem Standard und anschließender Suszeptibilitätskorrektur gefunden wurde und analoge Nichtlinearitäten aufweist. Diese Übereinstimmung zeigt, daß die temperaturbedingten Verschiebungen der Alkylprotonenresonanzen vernachlässigbar klein sind gegenüber denen der H_2O-Linie, was die Wahl der $CH_2^{(1)}$- bzw. CH_3-Signale als interne Bezugslinien rechtfertigt.

Die aus den Least-squares fits erhaltenen molalen Verschiebungen der Wasserresonanz sind für alle untersuchten TAA-Salze und Meßtemperaturen in Tab. 1 zusammengestellt, wobei jeweils sowohl die auf die CH_3-Resonanz als auch die auf die $CH_2^{(1)}$-Resonanz bezogenen Werte nebeneinander aufgeführt sind[1]).

Abbildung 2 verdeutlicht am Beispiel der Pr_4N^+-Salze die Einflüsse von Temperatur und Anion auf die Verschiebungen der H_2O-Resonanz im linearen Bereich.

Die b-Werte von verschiedenen Salzen eines bestimmten TAA-Ions unterscheiden sich sehr stark, da die molalen Salzverschiebungen Beiträge sowohl von den Kationen als auch von den Anionen enthalten. Der positive Wert der Differenz $b(Et_4NBr)$ − $b(Et_4NJ)$ ist lediglich Ausdruck der bekannten Tatsache, daß das J^--Ion die Wasserstruktur in stärkerem Maße zerstört als das Br^--Ion. Daß das Pr_4NF als einziges der untersuchten TAA-Salze eine downfield-shift der Wasserresonanz verursacht, unterstreicht dagegen nachdrücklich die strukturbildende Wirkung des F^--Ions.

[1]) Die geringen Unterschiede zwischen beiden b-Werten entstehen jeweils durch eine schwache Konzentrationsabhängigkeit des Abstandes zwischen den $CH_2^{(1)}$-und CH_3-Signalen (vgl. Abschn. 3.4.), wobei sich vor allem die $CH_2^{(1)}$-Resonanz etwas verschiebt (vgl. Anhang II, Ref. [32]) und daher die auf die CH_3-Signale bezogenen b-Werte wahrscheinlich die exakteren sind.

Tabelle 1

Molale Verschiebungen der Wasserresonanz bei Zusatz von TAA-Salzen

Salz	$b[10^{-2}$ ppm $\cdot$ Mol$^{-1}]$							
	Ref.: CH_3-Resonanz				Ref.: $CH_2^{(1)}$-Resonanz			
	7°C	29°C	46°C	65°C	7°C	29°C	46°C	65°C
Me_4NBr	−8,5 [1]	−8,1	−7,5	−7,5	—	—	—	—
Et_4NBr	−6,8	−6,5	−6,4	−7,1	−7,7	−7,2	−7,5	−7,5
Pr_4NBr	−5,7	−7,2	−9,5	−9,6	−5,6	−7,6	−9,9	−10,4
Bu_4NBr	−4,5	−11,0	−10,4	−13,6	−4,7	−10,3	−10,2	−14,1
Et_4NJ	—	−10,2	—	—	—	−11,3	—	
Pr_4NF	—	+5,2	—	—	—	+5,7	—	

[1]) $T = +9{,}5\,°C$

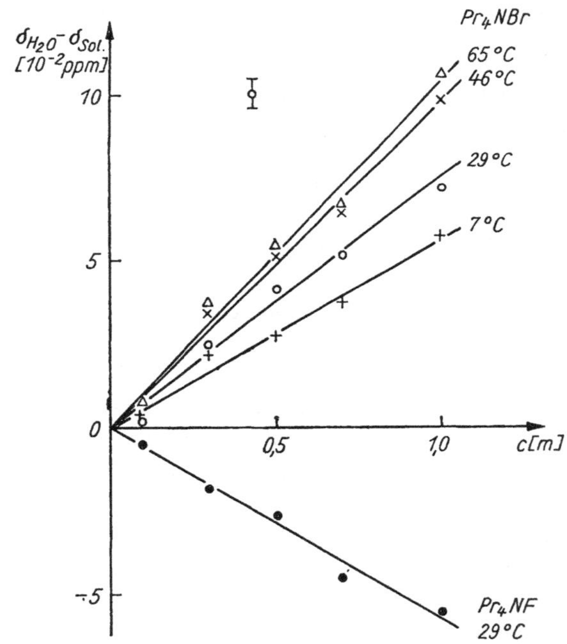

Abb. 2. Chemische Verschiebung der Wasserresonanz in schwachkonzentrierten Pr_4N^+-Salzlösungen (bezogen auf die $CH_2^{(1)}$-Resonanz des Pr_4N^+-Ions)

Es kann als gesichert angenommen werden, daß sich im Konzentrationsbereich $c \leqq 1$ m die gemessenen molalen Verschiebungen annähernd additiv aus den Beiträgen von Kation und Anion zusammensetzen:

$$b = b_{R_4N^+} + b_{X^-} \tag{2}$$

Da wir uns hier in erster Linie für den Einfluß der TAA-Ionen auf die Wasserstruktur interessieren, erscheint eine Abtrennung des Anionenteils wünschenswert. Jedoch ist die Aufteilung in Einzelionenbeiträge, da diese experimentell nicht zugänglich sind, wie bei vielen anderen Untersuchungsmethoden (vgl. z. B. die Frage der Bestimmung von Einzelionenaktivitätskoeffizienten [53]) auch hier problematisch und nur mit Hilfe hypothetischer Annahmen möglich. In der Literatur sind verschiedene Möglichkeiten diskutiert worden [39, 46, 51, 54, 55].

Unserer weiteren Interpretation legen wir die von SYMONS und Mitarbeitern [54] abgeschätzten Werte der molalen Einzelionenverschiebungen für das Br^- zugrunde, da diese das Mittel aus zwei Bestimmungen nach unabhängigen Methoden sind und außerdem für verschiedene Temperaturen angegeben werden[1]). Nach Interpolation dieser Werte auf unsere Meßtemperaturen erhalten wir:

$$b(Br^-) = \begin{cases} -10{,}6 \cdot 10^{-2}\,\text{ppm} \cdot \text{Mol}^{-1} & \text{für } T = 7\,°C \\ -8{,}6 \cdot 10^{-2}\,\text{ppm} \cdot \text{Mol}^{-1} & \text{für } T = 29\,°C \\ -8{,}3 \cdot 10^{-2}\,\text{ppm} \cdot \text{Mol}^{-1} & \text{für } T = 46\,°C \\ -7{,}8 \cdot 10^{-2}\,\text{ppm} \cdot \text{Mol}^{-1} & \text{für } T = 65\,°C \end{cases}$$

Damit ergeben sich gemäß Gl. (2) aus den molalen Salzverschiebungen (Tab. 1) die molalen Einzelionenverschiebungen für die TAA-Ionen (Tab. 2). Es wird deutlich, daß die negativen Werte der Salzverschiebungen im wesentlichen durch das Br^--Ion verursacht werden; die Wirkung der TAA-Ionen besteht dagegen überwiegend — vor allem bei niedrigen Temperaturen — in einer downfield-shift der Wasserresonanz.

Tabelle 2
Molale Einzelionenverschiebungen der TAA-Ionen

Ion	$b[10^{-2}$ ppm · Mol$^{-1}]$							
	Ref.: CH_3-Resonanz				Ref.: $CH_2^{(1)}$-Resonanz			
	7 °C	29 °C	46 °C	65 °C	7 °C	29 °C	46 °C	65 °C
Me_4N^+	+2,1	+0,5	+0,8	+0,7	—	—	—	—
Et_4N^+	+3,8	+2,1	+1,9	+0,7	+2,9	+1,4	+0,8	+0,3
Pr_4N^+	+4,9	+1,4	−1,2	−1,8	+5,0	+1,0	−1,6	−2,6
Bu_4N^+	+6,1	−2,4	−2,1	−5,8	+5,9	−1,7	−1,9	−6,3

Ausgehend von dem in Abschn. 3.3.2. beschriebenen Modell sollen nun die molalen Verschiebungen der Wasserresonanz durch die TAA-Ionen diskutiert werden.

Bei der Schaffung von Hohlräumen für die R_4N^+-Ionen sollten wegen deren großer Radien zunächst einmal viele H-Brücken der Wasserstruktur zerstört werden; der Beitrag b_{cav} müßte also stark negativ sein, d. h. eine große upfield-shift bewirken, die mit zunehmender Kettenlänge der Alkylgruppen immer ausgeprägter wird, wie in Abb. 3 schematisch dargestellt ist.

Der Anteil b_{el} (siehe Abschn. 3.3.2.) sollte dagegen bei den TAA-Ionen eine viel geringere Rolle spielen als etwa bei kleinen anorganischen Ionen. Die Abschätzungen in Abschn. 2.2. haben nämlich gezeigt, daß die elektrostatischen WW-Energien zwischen Me_4N^+ bzw. Et_4N^+ und einem H_2O-Molekül nur geringfügig über der Dipol-Energie

[1]) Ein Vergleich der verschiedenen Vorschläge zur Aufteilung der molalen Salzverschiebungen in Einzelionenbeiträge findet sich in [32].

zweier Wassermoleküle liegen und die für Pr_4N^+ und Bu_4N^+ sogar etwas geringer sind. Die gleichen Relationen gelten auch für die Induktions-WW $q(R_4N^+) \leftrightarrow \mu^{ind}(H_2O)$ und $\mu(H_2O^{(1)}) \leftrightarrow \mu^{ind}(H_2O^{(2)})$ (siehe Abschn. 2.2.).

Beim Einbau von Ionen in die Wasserstruktur ändert sich für die H_2O-Moleküle in der Hydrathülle das mittlere elektrische Feld am Ort der Protonen dadurch, daß ein Teil der benachbarten Wasserdipole durch ein Ion ersetzt wird. Aus den WW-Energien kann man schließen, daß die TAA-Ionen an den umgebenden Wasserprotonen ein elektrisches Feld erzeugen, das nur wenig größer (Me_4N^+, Et_4N^+) oder sogar kleiner (Pr_4N^+, Bu_4N^+) ist als das von den verdrängten Wasserdipolen hervorgerufene. Demzufolge wird die downfield-shift infolge des elektrischen Feldes der Ionen (b_{el}) relativ gering bzw. für Pr_4N^+ und Bu_4N^+ fast nicht vorhanden sein (Abb. 3).

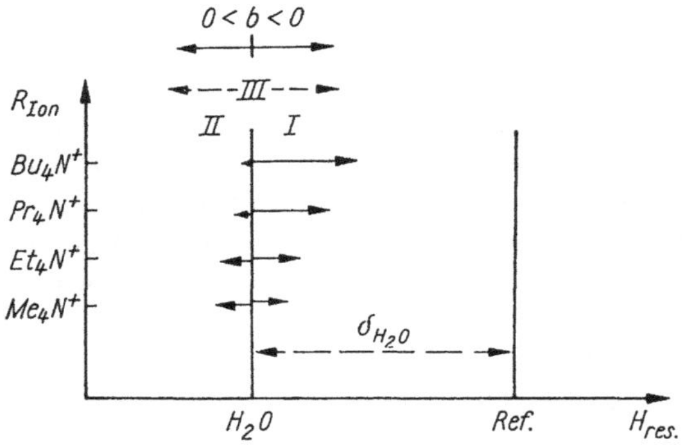

Abb. 3. Beiträge zur molalen Verschiebung der Wasserresonanz durch die R_4N^+-Ionen (schematisch)

Aus dem Zusammenwirken von b_{cav} und b_{el} wäre also zu erwarten, daß die b-Werte der TAA-Ionen mit steigender Kettenlänge der Alkylgruppen abnehmen und für die großen Ionen stark negativ sind. Genau dieses Verhalten wird für $T = 65\,°C$ beobachtet (Tab. 2), woraus wir schließen können, daß der Strukturbeitrag (b_{str}) hier keine dominierende Rolle spielt. Bei hohen Temperaturen liefern also die NMR-Messungen keinerlei Hinweise auf ausgeprägte Hydratstrukturen der TAA-Ionen.

Eine völlig andere Situation liegt bei tiefen Temperaturen vor (Tab. 2, $T = 7\,°C$). In Übereinstimmung mit [40] finden wir, daß die b-Werte positiv sind und sogar mit zunehmender Kationengröße deutlich anwachsen. Die Summe der Beiträge b_{cav} und b_{el} wird offenbar durch einen Strukturbeitrag, welcher eine starke downfield-shift bewirkt, überkompensiert. Bei 29 °C und 46 °C zeigt sich ein Verhalten, das zwischen diesen beiden Extremen liegt.

Wir schließen somit aus den molalen Verschiebungen der Wasserresonanz, daß

a) in der Umgebung der TAA-Ionen ein Wasserbereich existieren muß, der im Vergleich zum reinen Lösungsmittel einen erhöhten Strukturgrad aufweist. Von welcher Art diese Strukturzunahme ist, kann allein anhand der molalen Verschiebungen der Wasserprotonen nicht entschieden werden. Verständlich wäre eine Zunahme der mittleren Stärke der H-Brücken zwischen den H_2O-Molekülen in diesem Hydratbereich, da dies die Abschirmung der Brückenprotonen verringern und damit die gefundenen downfield-shifts erklären könnte. Nicht auszuschließen sind allerdings auch solche Hydratstrukturen, in denen auf ein herausgegriffenes Wassermolekül ein viel stärkeres elektrisches Feld (von den benachbarten H_2O-Dipolen herrührend) einwirkt als im ungestörten Wasserverband (vgl. Abschn. 3.4. bis 3.5.). Dies würde ebenfalls zu downfield-shifts führen.

b) diese Strukturverstärkung bei niedrigen Temperaturen mit steigender Kettenlänge der Alkylgruppen der TAA-Ionen immer ausgeprägter wird, wie die Abhängigkeit der molalen Verschiebungen von der Größe der Kationen bei $T = 7\,°C$ zeigt.

c) bei Temperaturerhöhung dieser strukturbildende Einfluß, vor allem bei den größeren TAA-Ionen, abnimmt.

Die Schlußfolgerungen sind, da sie sich weniger auf die absoluten b-Werte als vielmehr auf deren Abhängigkeit von der Kationengröße stützen, unabhängig von der speziellen Aufteilung in Einzelionenverschiebungen und auch von der verwendeten Bezugslinie (CH_3- bzw. $CH_2^{(1)}$-Resonanz, Tab. 2).

Eine Besonderheit zeigt sich bei den Bu_4NBr-Lösungen. Wie schon von SYMONS und Mitarbeitern [40] berichtet, ist bei niedrigen Temperaturen ein deutlicher Knick in der Konzentrationsabhängigkeit von $\delta_{H_2O} - \delta_{Sol}$ bei $c = 0{,}6 \cdots 0{,}7$ m zu beobachten (Abb. 4).

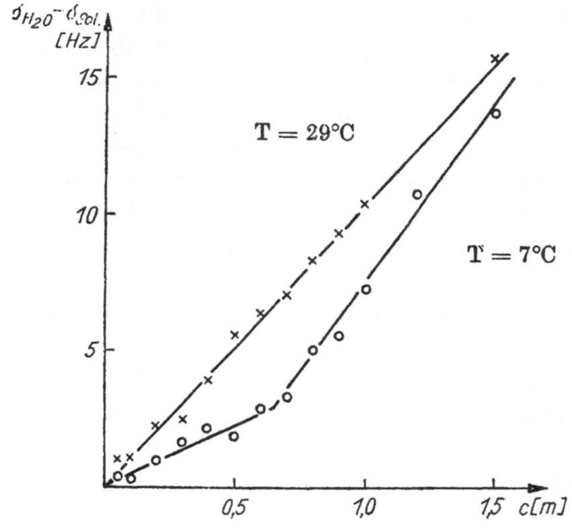

Abb. 4. Verschiebung der Wasserresonanz in Bu_4NBr-Lösungen (*Bezugslinie*: CH_3-Resonanz)

Aus den Steigungen der sich schneidenden Geraden ergeben sich nach Gl. (2) mit $b(Br^-) = -10{,}6 \cdot 10^{-2}$ ppm · Mol^{-1} die von den Kationen herrührenden molalen Verschiebungen in den beiden Bereichen zu $+5{,}9 \cdot 10^{-2}$ ppm · Mol^{-1} ($c < 0{,}6$ m) und $-2{,}7 \cdot 10^{-2}$ ppm · Mol^{-1} ($c > 0{,}7$ m). Dies bedeutet, daß bis zur Knickpunktkonzentration durch die Zugabe von Bu_4N^+-Ionen gewisse Struktureinheiten gebildet werden, in denen die Abschirmung der darin befindlichen Wasserprotonen verringert und das Lösungsmittel damit scheinbar stärker strukturiert ist als im ungestörten Wasserverband. Bei Konzentrationen $c > 0{,}7$ m finden die darüber hinaus zugegebenen Kationen offenbar keine Möglichkeit mehr solche Struktureinheiten zu bilden, und wirken „strukturbrechend".

Für $T = 29\,°C$ ist ein solcher Knick in der Funktion $\delta_{Sol}(c)$ nicht mehr zu beobachten (Abb. 4); offenbar zerstört die verstärkte thermische Bewegung diese strukturellen Besonderheiten.

Von welcher Art die unterhalb der Knickkonzentration (bei $T = 7\,°C$) auftretenden spezifischen Struktureinheiten sind, kann allein auf der Grundlage der NMR-Messungen nicht entschieden werden. Denkbar wären zum Beispiel clathratähnliche Gebilde von der Art der für verschiedene Bu_4N^+-Salze gefundenen festen Kristallhydrate [15]. Diese schmelzen zwischen 10 und 30 °C, wodurch das Verschwinden des Knicks bei Temperaturerhöhung verständlich würde. Die stöchiometrische Zusammensetzung der Lösung bei der Knickpunktkonzentration (ca. 80···90 H_2O-Moleküle pro Bu_4N^+) stimmt jedoch mit der der Kristallhydrate ($\approx$ 33 H_2O pro Kation) nicht überein; dies zeigt, daß niemals alles Lösungswasser in solchen Clathraten gebunden werden kann, sondern diese im Gleichgewicht mit freiem Wasser und anionischem Hydratwasser stehen müssen.

Als zweite Möglichkeit wurde eine Micellbildung diskutiert [40], wie sie von langkettigen TAA-Ionen bekannt ist, wobei die Knickpunktkonzentration dann mit der kritischen Micellkonzentration (c.m.c.) übereinstimmen sollte. Mit Hilfe der „spectral change"-Methode wurde aber für Bu_4NBr eine c.m.c. von nur 0,039 m gefunden [56]. Bei Oberflächenspannungsmessungen an Lösungen von Bu_4N^+-Halogeniden wurden keinerlei Unstetigkeiten in der Konzentrationsabhängigkeit der Oberflächenspannung nachgewiesen [57], was die Existenz einer c.m.c. stark in Zweifel stellt.

Ultraschallabsorptionsmessungen bei fester Frequenz (70 MHz) ergaben für Bu_4NCl und Bu_4NBr ebenfalls einen Knick in der Konzentrationsabhängigkeit der Absorption (allerdings für $T = 25$ °C), während für die Lösungen der kleineren TAA-Bromide in H_2O und für Bu_4NBr in organischen Lösungsmitteln glatte Kurven gemessen wurden [58]. Die Autoren geben allerdings keine befriedigende Erklärung für diese Beobachtungen. Die in Bu_4N^+-Salzlösungen bei niedrigen Temperaturen vorhandenen strukturellen Besonderheiten bedürfen noch weiterer Untersuchungen, auch mit anderen Methoden.

Wenn wir unsere Ergebnisse für die molalen Verschiebungen der Wasserresonanz durch TAA-Salze mit denen anderer Autoren vergleichen, so finden wir (natürlich unter Berücksichtigung der unterschiedlichen Meßtemperaturen) eine gute Übereinstimmung mit den Resultaten von SYMONS und Mitarbeitern [40], während eine Gegenüberstellung mit den Werten von HERTZ und SPALTHOFF [39] erhebliche Differenzen erkennen läßt. Offenbar waren damals (1959) die apparativen Fehler noch sehr groß.

Ein Vergleich der Temperaturabhängigkeiten der molalen Protonenresonanzverschiebungen und der B-Koeffizienten in der Konzentrationsfunktion $\eta/\eta_0 = f(c)$ der relativen Viskosität [10] zeigt bemerkenswerte Analogien. Für die großen Bu_4N^+- und Pr_4N^+-Ionen nehmen sowohl b als auch B stark mit der Temperatur ab; beim Et_4N^+ sind $\frac{db}{dT}$ und $\frac{dB}{dT}$ noch negativ, aber betragsmäßig deutlich kleiner, während für Me_4N^+ beide Koeffizienten nahezu temperaturunabhängig sind.

Ähnliche Übereinstimmungen in den Temperaturabhängigkeiten ergeben sich auch zwischen den molalen Verschiebungen der Wasserprotonenresonanz und den WALDEN-Produkten $\lambda_0\eta$ [59] in wäßrigen TAA-Salzlösungen.

Abschließend noch einige Bemerkungen zu den in diesem Abschnitt gebrauchten Begriffen „Strukturbildner" und „Strukturbrecher". Eine detaillierte Beschreibung der Struktur des Wassers erfordert die Kenntnis der orientierungsabhängigen Paarverteilungsfunktion [60]. Die Schärfe der Maxima dieser Funktion ist dann ein Maß für den Strukturgrad. Strukturbrecher wären in diesem Sinne Elektrolyte, die diese Maxima verschmieren.

Da die genannten molekularen Verteilungsfunktionen in der Regel nicht zugänglich sind, wählt man bei den meisten Untersuchungen einen bestimmten Parameter (z. B. bei uns die molale Verschiebung der Wasserprotonenresonanz) als Maß für den Strukturgrad, der aber stets nur einige Aspekte der tatsächlichen Struktur erfaßt, andere dagegen unberücksichtigt läßt. Daher sind die anhand verschiedenartiger Untersuchungsmethoden vorgenommenen Klassifikationen der Elektrolyte bezüglich ihres Struktureinflusses untereinander nicht notwendig äquivalent.

3.4. Untersuchungen der Protonenresonanzen der R_4N^+-Ionen

3.4.1. *Allgemeine Bemerkungen zu den NMR-Spektren der R_4N^+-Ionen*

Infolge der unterschiedlichen elektronischen Abschirmung enthält das Protonen-NMR-Spektrum eines R_4N^+-Ions in der Lösung gerade so viele Resonanzen mit verschiedenen chemischen Verschiebungen, wie jede Alkylgruppe CH_2- bzw. CH_3-Bausteine besitzt. Dabei erscheinen die Linien der direkt am Stickstoff sitzenden CH_2- bzw. CH_3-(Me_4N^+)Gruppen für alle Kationen bei 3,5···3,8 ppm downfield vom HMDS. Alle anderen Gruppen zeigen erst bei höherem Magnetfeldstärken Resonanz, nämlich die äußeren CH_3-Protonen bei 1,6···1,9 (Et_4N^+) bzw. 1,2···1,5 ppm (Pr_4N^+ und Bu_4N^+) sowie die dazwischensitzenden $CH_2^{(2)}$- und $CH_2^{(3)}$-Gruppen (Pr_4N^+ bzw. Bu_4N^+) im Bereich 1,6···2,3 ppm relativ zum HMDS.

Die relative Lage der Resonanzen bestätigt somit die quantenchemischen Rechnungen (siehe Abschn. 2.1.), nach denen die Elektronendichte an den innersten CH_2-Protonen stark reduziert und damit deren Abschirmung geringer als die der weiter außen sitzenden Protonen ist.

Infolge von indirekten Spin-Spin-Kopplungen zwischen den Protonen verschiedener Gruppen sind die einzelnen Resonanzen bei den Kationen mit $R >$ Me in Multipletts aufgespalten (Abb. 5). Die Kopplungskonstante beträgt z. B. im Falle des Et_4N^+ Ions[1]):

$$J_{CH_2-CH_3} = (7,3 \pm 0,1)\ \mathrm{Hz}$$

und ist unabhängig von Konzentration, Temperatur und Anion, so daß aus ihr keine Informationen über die Struktur der Lösungen gewonnen werden konnten.

Neben diesen homonuklearen Kopplungen der Protonen untereinander treten beim Me_4N^+- und Et_4N^+-Ion jeweils noch heteronukleare Kopplungen zwischen den CH_3-Protonen und ^{14}N-Spins auf, die sich in einer zusätzlichen Triplettstruktur ($I(^{14}N) = 1$) der CH_3-Resonanz bzw. ihrer schon vorhandenen Triplettkomponenten bemerkbar machen (Abb. 6). Für die zugehörigen Kopplungskonstanten J_{N-CH_3} fanden wir Werte von $(0,55 \pm 0,05)$Hz bei Me_4N^+ und $(1,90 \pm 0,05)$Hz bei Et_4N^+.

Daß solche schwachen Kopplungen im Spektrum noch aufgelöst sind, zeigt, daß die Relaxationszeit des ^{14}N-Spins den für einen Quadrupolkern ungewöhnlich hohen Wert von einigen Sekunden besitzen muß, d. h. der elektrische Feldgradient am Ort des ^{14}N-Kerns extrem klein ist.

Beim Et_4N^+-Ion gelang es durch Konzentrations- oder Temperaturerhöhung, Wechsel

[1]) Für die größeren R_4N^+-Ionen fanden wir für die Kopplungskonstanten, soweit sie dem Spektrum direkt entnommen werden konnten, ebenfalls Werte im Bereich 7 ... 8 Hz [32].

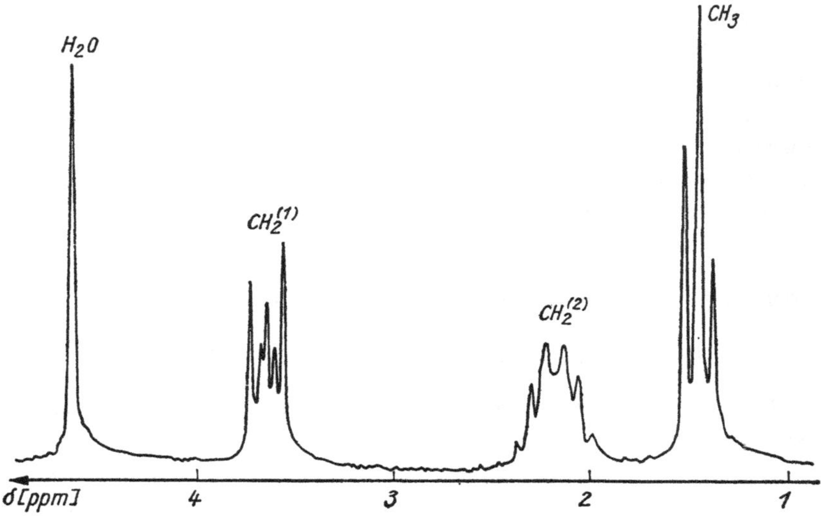

Abb. 5. NMR-Spektrum einer wäßrigen Pr_4NBr-Lösung

des Anions oder auch des Lösungsmittels nicht, eine Erhöhung der Quadrupolrelaxationsrate zu erreichen, die genügt hätte, um einen Kollaps der ^{14}N-Tripletts zu bewirken. Das bedeutet, daß Ion-Solvens-WW und Ionenassoziationen keine nennenswerten Asymmetrien der Elektronenverteilung im Zentrum des Et_4N^+-Ions hervorrufen.

Bei den Pr_4N^+- und Bu_4N^+-Ionen sind in den Protonenresonanzspektren keine ^{14}N-Kopplungen nachweisbar.

Die elektronische Abschirmung der Alkylprotonen der R_4N^+-Ionen ist sensitiv gegenüber Veränderungen in ihrer molekularen Umgebung. Die verschiedenen Protonen der

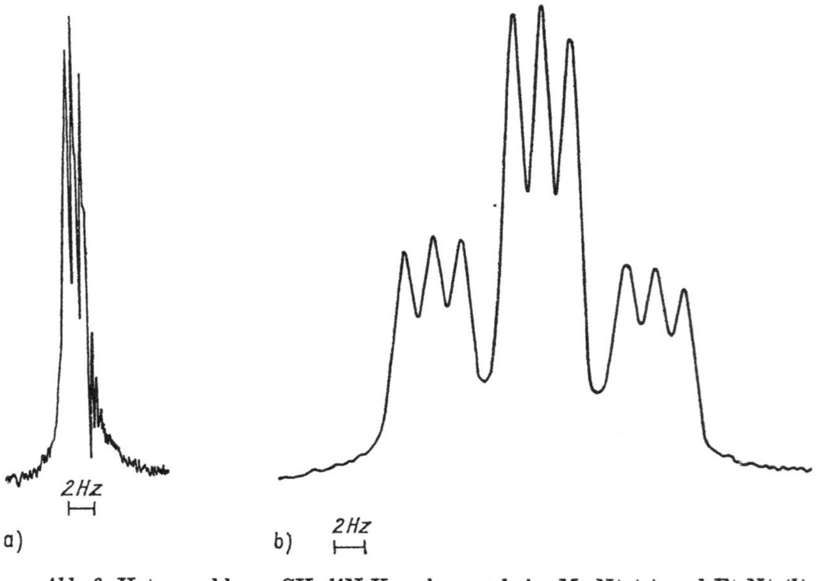

Abb. 6. Heteronukleare CH_3-^{14}N-Kopplungen beim Me_4N^+ (*a*) und Et_4N^+ (*b*)

Alkylgruppen werden jedoch nicht in gleichem Maße durch solche Parameter wie Konzentration, Temperatur, Anion oder Lösungsmittel beeinflußt. Im folgenden wird nachgewiesen, daß insbesondere der Abstand der Resonanzen der CH_3-Protonen und der dem Stickstoff direkt benachbarten Methylenprotonen ($CH_2^{(1)}$-Gruppe) Veränderungen der molekularen Umgebung in charakteristischer Weise widerspiegelt.

Die experimentell leicht zugängliche Größe

$$\Delta\delta = \delta^{(1)}_{CH_2} - \delta_{CH_3}$$

kann daher als Sonde dienen, mittels derer man Informationen über die Mikrostrukturen in der Umgebung der TAA-Ionen erhalten kann.

3.4.2. Nichtwäßrige Lösungen

Wir beginnen mit dem Verhalten von $\Delta\delta$ in organischen Lösungsmitteln, da in diesen die hydrophoben Eigenschaften der TAA-Ionen keine Rolle spielen und ihre Salze nicht solche auffallenden Besonderheiten zeigen wie in wäßriger Lösung.

3.4.2.1. Acetonitril-Lösungen

Unter den organischen Lösungsmitteln bietet sich Acetonitril für unsere Untersuchungen vor allem deshalb an, weil die meisten TAA-Salze recht gut in ihm löslich sind, die Kationenresonanzen nicht durch starke Signale der Lösungsmittelprotonen überdeckt werden (wie das z. B. bei Methanol der Fall ist) und außerdem schon Arbeiten über die thermodynamischen und Transporteigenschaften der Systeme R_4NX-CH_3CN vorliegen [61, 62].

Die $\Delta\delta$-Werte wurden für eine Reihe von TAA-Salzen in Abhängigkeit von der Konzentration gemessen. Dabei zeigte sich, daß in allen Fällen der Abstand der $CH_2^{(1)}$- und CH_3-Resonanzen mit wachsender Konzentration stetig zunahm, wobei die Anstiege der $\Delta\delta(c)$-Kurven mit zunehmender Verdünnung der Lösungen größer wurden (Abb. 7 bis 9).

Das Anwachsen von $\Delta\delta$ mit steigender Salzkonzentration ist zweifelsohne auf Ionenpaarbildungen $R_4N^+-X^-$ zurückzuführen. Dafür spricht vor allem die starke Anionenabhängigkeit der Kurven in Abb. 7 bis 9. Weiterhin haben wir verdünnten Lösungen von Et_4NJ und Pr_4NJ eine relativ große Menge NaJ zugesetzt, was in beiden Fällen eine starke Zunahme der $\Delta\delta$-Werte zur Folge hatte (Tab. 3). Da Paarbildungen $R_4N^+-Na^+$ wohl auszuschließen sind, muß eine starke Wechselwirkung zwischen J^- und den R_4N^+-Ionen dafür verantwortlich sein.

Die Alkylgruppen eines in einem Ionenpaar $R_4N^+X^-$ befindlichen Kations werden

Tabelle 3

$\Delta\delta$-Werte der Et_4N^+- und Pr_4N^+-Ionen bei Zusatz von NaJ

Elektrolyt(*e*), molale Konzentrationen	$\Delta\delta[10^{-2}$ ppm]
0,05 m Et_4NJ	197,6
0,05 m Et_4NJ + 1,0 m NaJ	204.3
0,05 m Pr_4NJ	214,6
0,05 m Pr_4NJ + 1,0 m NaJ	224,0

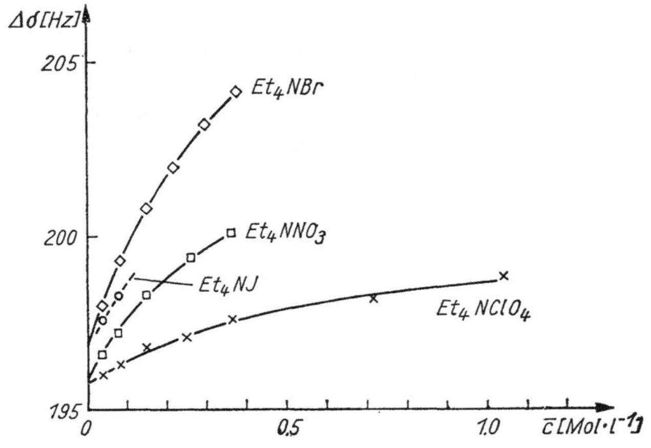

Abb. 7. Konzentrationsabhängigkeit von $\Delta\delta$ für einige Et_4N^+-Salze in CH_3CN-Lösung ($T = 29\,°C$)

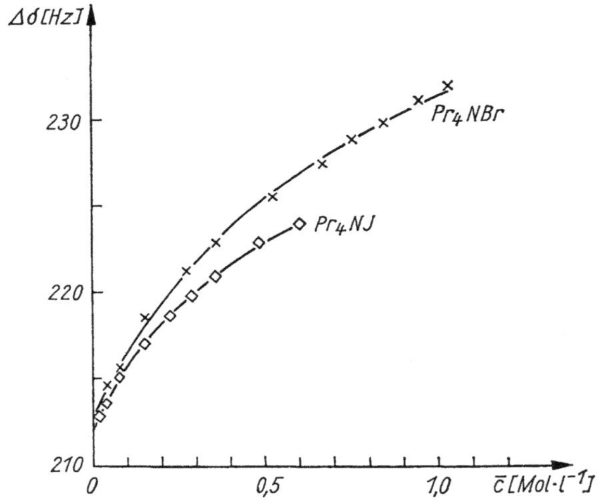

Abb. 8. Konzentrationsabhängigkeit von $\Delta\delta$ für Pr_4NBr und Pr_4NJ in CH_3CN

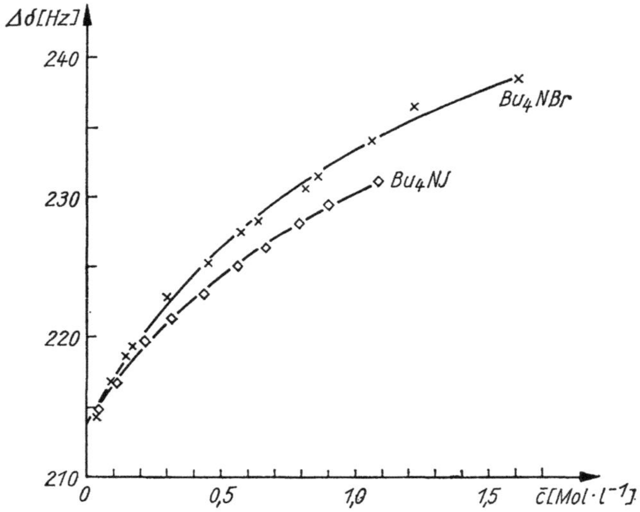

Abb. 9. Konzentrationsabhängigkeit von $\Delta\delta$ für Bu_4NBr und Bu_4NJ in CH_3CN

durch das Anion X polarisiert. Der Abstand $\Delta\delta$ zwischen den $CH_2^{(1)}$- und CH_3-Resonanzen eines solchen R_4N^+-Ions hat daher einen anderen Wert δ_1 als bei einem freien Kation, für welches die entsprechende Größe $\delta_0 = \Delta\delta$ $(c \to 0)$ ausschließlich durch die schwächeren Ion-Solvens-WW bestimmt wird[1]). Unsere experimentellen Ergebnisse zeigen, daß $\delta_1 > \delta_0$, d. h. die Alkylgruppen werden bei der Ionenpaarbildung so polarisiert, daß die Elektronendichte in den $CH_2^{(1)}$-Gruppen abnimmt.

Die einfache Form der $\Delta\delta(c)$-Kurven deutet darauf hin, daß das Assoziationsverhalten von TAA-Salzen in Acetonitril im wesentlichen durch ein einfaches Gleichgewicht

$$R_4N^+ + X^- \overset{K}{\rightleftharpoons} [R_4N^+X^-] \tag{3}$$

bestimmt wird und somit durch eine Assoziationskonstante K charakterisiert werden kann.

Diese kann mit Hilfe des Massenwirkungsgesetzes (MWG) bestimmt werden[2])

$$K = \frac{[R_4N^+X^-]}{[R_4N^+] \cdot [X^-]} \tag{4}$$

Die relativen Anteile der in Ionenpaaren befindlichen TAA-Ionen (x_1) und der freien (d. h. nichtassoziierten) R_4N^+-Ionen (x_0) können ausgehend von Gl. (3) und (4) in Abhängigkeit von der analytischen Salzkonzentration (Molenbruch x) angegeben werden:

$$x_0 = \frac{1}{2K_x x}\left(\sqrt{1 + 4K_x x} - 1\right); \quad x_1 = 1 - x_0. \tag{5}$$

Wegen der geringen Lebensdauer der Ionenpaare (gemessen an der NMR-Zeitskala!) ist das beobachtete $\Delta\delta$ das gewichtete Mittel der Werte von beiden Spezies, die am Gleichgewicht (3) beteiligt sind (schneller Austausch zwischen zwei Lagen mit den chemischen Verschiebungen δ_0 und δ_1 und relativen Besetzungszahlen x_0 und x_1). Für die Konzentrationsabhängigkeit von $\Delta\delta$ erhalten wir daher aus Gl. (5):

$$\Delta\delta = x_0 \cdot \delta_0 + x_1 \cdot \delta_1 = \delta_1 - \frac{1}{2K_x x}\left(\sqrt{1 + 4K_x x} - 1\right)(\delta_1 - \delta_0). \tag{6}$$

Für jedes der untersuchten TAA-Salze wurde eine Funktion des Types (6) an unsere bei verschiedenen Konzentrationen gemessenen Werte $\Delta\delta$ angepaßt. Mit Hilfe eines

[1]) Natürlich ist δ_1 der Mittelwert über die $\Delta\delta$'s aller vier Alkylgruppen eines Kations, die bei festgehaltener Geometrie des Ionenpaars unterschiedlich stark vom elektrischen Feld des Anions beeinflußt werden.

[2]) Strenggenommen gilt das MWG nur für die Aktivitäten [6, 21]. Da diese aber für die Spezies R_4N^+, X^- und $R_4N^+X^-$ nicht bekannt sind, ist man auf die Verwendung von Konzentrationen angewiesen. Dies dürfte jedoch in unserem Falle weitgehend gerechtfertigt sein, da wir in Analogie zum PRIGOGINEschen Modell ideal assoziierter Mischungen [63] annehmen können, daß die Abweichungen der Einzelionenaktivitätskoeffizienten vom Wert 1 vor allem durch solche WW verursacht werden, die zur Ionenassoziation führen. Wenn wir aber die Ionenpaare neben den Ionen selbst als neue Teilchensorte explizit berücksichtigen, kommen geringe Nichtidealitäten im Verhalten der drei Spezies lediglich durch deren schwächere WW mit den Lösungsmittelmolekülen (in konzentrierten Lösungen eventuell auch noch durch Bildung größerer Assoziate, d. h. WW Ion-Ionenpaar) zustande. Die Aktivitätskoeffizienten von R_4N^+, X^- und $R_4N^+X^-$ werden daher

nichtlinearen Least-squares-Verfahrens konnten wir so jeweils die drei freien Parameter δ_0, δ_1 und K_x bestimmen[1]). Die gute Übereinstimmung zwischen den angepaßten Kurven, die in Abb. 7 bis 9 eingezeichnet sind, und den gemessenen Werten zeigt, daß die experimentellen Daten vernünftig durch Funktionen des Typs (6) angepaßt werden können und daher das einfache Gleichgewicht (3), aus dem die funktionale Form (6) abgeleitet ist, zur Beschreibung des Assoziationsverhaltens von TAA-Salzen in Acetonitril ausreicht.

Bei den Least-squares fits müssen die Salzkonzentrationen in Form der Molenbrüche x verwendet werden, da nicht alle Meßpunkte im Bereich hoher Verdünnung ($x \ll 1$) liegen, wo das MWG auch für die molalen oder molaren Konzentrationen streng gilt. Die so errechnete Assoziationskonstante K_x ist dimensionslos und beschreibt das Assoziationsgleichgewicht über den gesamten Bereich von Salzkonzentrationen. In sehr verdünnten Lösungen kann das MGW (4) für das Gleichgewicht (3) auch mit den molaren Konzentrationen der gelösten Teilchen formuliert werden. Die entsprechende Gleichgewichtskonstante K_c ist mit K_x durch die Beziehung

$$K_c = v_1^0 \cdot K_x$$

verknüpft, wobei v_1^0 das Molvolumen des reinen Lösungsmittels (52,6 $ml \cdot \text{Mol}^{-1}$ bei CH_3CN) ist (siehe Kap. 20 von [63]). Die K_c-Werte sind in Tab. 4 ebenfalls mit aufgeführt, um einen Vergleich mit Leitfähigkeitsmessungen zu ermöglichen, wo die Assoziationskonstanten (z. B. nach der Fuoss-Onsager-Gleichung) unter Zugrundelegung molarer Konzentrationen bestimmt werden [64].

Die Werte bei unendlicher Verdünnung δ_0 hängen für ein gegebenes Kation im Rahmen der experimentellen Ungenauigkeit nicht vom Anion ab. Dagegen sind die δ_1-Werte für gepaarte Kationen sehr stark anionabhängig, wobei die Anionen mit der größten Ladungsdichte erwartungsgemäß die Alkylgruppen am stärksten polarisieren und daher die höchsten δ_1-Werte verursachen (Tab. 4).

Die von uns ermittelten Assoziationskonstanten nehmen für ein festes Anion mit

Tabelle 4

Ergebnisse von Computeranpassungen der $\Delta\delta(c)$-Kurven für TAA-Salze in Acetonitril

Elektrolyt	δ_0[Hz]	δ_1[Hz]	K_x	K_c[$l \cdot \text{Mol}^{-1}$)
Et_4NBr	196,7	221,7	29,0	1,53
Et_4NNO_3	195,8	209,9	32,1	1,68
Et_4NClO_4	195,6	201,9	31,5	1,66
Pr_4NBr	212,6	258,2	18,8	0,99
Pr_4NJ	212,0	243,6	27,4	1,44
Bu_4NBr	213,2	261,5	17,3	0,91
Bu_4NJ	213,5	257,0	14,6	0,77

viel weniger von 1 abweichen als die von R_4N^+ und X^- in dem Falle, daß nur die Ionen selbst als selbständige Teilchen betrachtet werden.

[1]) Es ist zu beachten, daß es wahrscheinlich nur in Kontaktionenpaaren zu einer Erhöhung des Wertes $\Delta\delta$ von δ_0 auf δ_1 kommt. Solvensgetrennte Ionenpaare werden mit unserer Methode sicher nicht erfaßt, da ihre $\Delta\delta$-Werte nicht sehr von δ_0 abweichen dürften; die Assoziationskonstante bezieht sich daher nur auf die Bildung von Kontaktionenpaaren.

wachsender Kationengröße ab, in Übereinstimmung mit der elektrostatischen Theorie und mit Leitfähigkeitsergebnissen [62]. Aus den Leitfähigkeiten fand man weiterhin, daß (sowohl in Acetonitril- [62] als auch in alkoholischen Lösungen [65]) die K_c-Werte der Jodide höher liegen als die der entsprechenden Bromide. Unsere Messungen bestätigen dies für die Pr_4N^+-Salze, während wir für Bu_4NBr und Bu_4NJ etwa gleich große Werte erhalten (Tab. 4). Für Et_4NJ konnte infolge seiner geringen Löslichkeit in CH_3CN die Assoziationskonstante nicht bestimmt werden.

Die absoluten Werte unserer Assoziationskonstanten sind etwa um einen Faktor 3 kleiner als die von KAY und Mitarbeitern [62] aus den Leitfähigkeiten erhaltenen. Das könnte daran liegen, daß die letzteren (meist nach der FUOSS-ONSAGER-Gleichung bestimmt) im Falle schwacher Assoziation nicht sehr zuverlässig und möglicherweise nur proportional zu den wahren Werten sind [62].

3.4.2.2. Andere organische Lösungsmittel

Unsere Annahme, daß Ionenassoziation zu einer Polarisation der kationischen Alkylgruppen und damit zu einem Anwachsen der $\Delta\delta$-Werte führt, wird durch einige Untersuchungen an TAA-Salzen in anderen organischen Lösungsmitteln mit sehr unterschiedlicher Dielektrizitätskonstante erhärtet.

Für Et_4NJ in Formamid (DK = 110) steigt $\Delta\delta$ sehr langsam, aber stetig mit der Konzentration an. Erwartungsgemäß zeigt sich hier infolge der hohen DK nur eine geringe Assoziation ($K_c = 0{,}81 \cdot \text{Mol}^{-1}$).

Für die in Aceton (DK = 20,6) löslichen TAA-Salze (Et_4NClO_4, Pr_4NBr, Pr_4NJ, Bu_4NJ) fanden wir durchweg extrem hohe Werte von $\Delta\delta$, die im Falle des Pr_4NJ selbst bei Verdünnung auf 0,05 m nur ganz schwach abnehmen (Tab. 5). Dies deutet darauf hin, daß sogar bei Konzentrationen von 0,01···0,1 m nahezu alle Kationen in Ionenpaaren gebunden sind, unsere Messungen also in den Bereich $K_c c \gg 1$ (d. h. $\Delta\delta \approx \delta_1$) fallen. Da der Konzentrationsbereich mit $K_c c < 1$ auf Grund der begrenzten Spektrometerempfindlichkeit nicht zugänglich ist, lassen sich die Assoziationskonstanten hier mit unserer Methode nicht bestimmen. Wir können nur schlußfolgern, daß die K_c-Werte von TAA-Salzen in Aceton mindestens um eine Größenordnung höher liegen als in Acetonitril, was auch durch Leitfähigkeitsuntersuchungen bestätigt wird [66, 67].

Für Et_4NBr in Chloroform (DK = 4,8) liegen die $\Delta\delta$-Werte ebenfalls sehr hoch und nehmen bei Verdünnung bis $c = 0{,}02$ m auch nur unwesentlich ab (Tab. 5). Das bedeutet wiederum, daß $K_c c \gg 1$ über den ganzen Meßbereich gilt und somit die Assoziationskonstante mit Sicherheit größer als 100 ist. Für Et_4NNO_3, Pr_4NJ und Bu_4NJ in demselben Lösungsmittel ist die Abnahme von $\Delta\delta$ mit wachsender Verdünnung wesentlich deutlicher. Obwohl auch in diesen Fällen der Konzentrationsbereich mit vernachlässigbarer Assoziation ($K_c c \ll 1$, $\Delta\delta \to \delta_0$) nicht zugänglich ist, kann man erkennen, daß die K_c-Werte dieser Elektrolyte in Chloroform bedeutend kleiner sein müssen als der von Et_4NBr.

Ferner zeigt sich, daß die Assoziationskonstante von Pr_4NJ in Chloroform kleiner als die in Aceton ist, obwohl die DK's beider Lösungsmittel die umgekehrte Reihenfolge vermuten lassen. Offenbar ist für das Assoziationsverhalten nicht nur die DK des Lösungsmittels von Bedeutung, sondern auch spezifische Ion-Solvens-Wechselwirkungen.

Tabelle 5

$\Delta\delta$ für einige TAA-Salze in Formamid, Aceton und Chloroform

Lösungsmittel	Elektrolyt	c[Mol/kg]	$\Delta\delta$[Hz]
Formamid	Et_4NJ	0,05	197,2
		0,13	197,6
		0,31	198,2
		0,42	198,4
		0,62	198,9
Chloroform	Et_4NBr	0,02	208,4
		0,10	208,6
		0,20	208,6
		1,00	208,7
	Et_4NNO_3	0,05	201,8
		0,12	202,2
		0,40	203,0
Aceton	Et_4NClO_4	0,20	208,0
Chloroform	Pr_4NJ	0,04	227,5
		0,07	228,3
		0,11	228,8
		0,16	229,1
		0,41	230,2
		0,79	231,5
		0,94	231,9
		1,02	232,4
		1,26	233,1
		1,51	234,2
Aceton	Pr_4NBr	0,10	246,7
		0,20	247,9
	Pr_4NJ	0,05	243,0
		0,10	243,4
Chloroform	Bu_4NJ	0,10	234,3
		0,21	236,7
Aceton	Bu_4NJ	0,20	251,3

3.4.3. $\Delta\delta$ in wäßrigen TAA-Salzlösungen

Das Verhalten der Alkylprotonenresonanzen in wäßrigen Lösungen unterscheidet sich in mehrerer Hinsicht deutlich von dem in organischen Medien.

Zunächst zeigte sich, daß in verdünnten wäßrigen Lösungen (mindestens unterhalb 0,2···0,3 m) $\Delta\delta$ innerhalb des experimentellen Fehlers ($\pm 0{,}4 \cdot 10^{-2}$ ppm) praktisch unabhängig von Konzentration und Anion ist [32]. In diesem Konzentrationsbereich sind also in wäßriger Lösung Kation-Anion-WW noch nicht von Bedeutung (im Gegensatz zu organischen TAA-Salzlösungen, Abb. 7 bis 9, Tab. 5).

Die auf unendliche Verdünnung extrapolierten Werte

$$\delta_0 = (\delta^{(1)}_{CH_2} - \delta_{CH_3})_{c\to 0}$$

sind für alle TAA-Ionen in H_2O wesentlich größer als in CH_3CN (Tab. 6). Dies bedeutet, daß in einem solvatisierten Kation die Alkylgruppen in wäßriger Lösung in stärkerem Maße durch die Lösungsmittelmoleküle polarisiert werden als in Acetonitril-Lösung.

Tabelle 6

δ_0-Werte der TAA-Ionen in H_2O und CH_3CN ($T = 29\,°C$)

Ion	$\delta_0[10^{-2}$ ppm]	
	CH_3CN	H_2O
Et_4N^+	196,1	199,1
Pr_4N^+	212,5	220,8
Bu_4N^+	213,7	224,2

Ferner zeigen die $\Delta\delta$-Werte aller untersuchten TAA-Ionen in verdünnten wäßrigen Lösungen eine deutliche Abnahme bei Temperaturerhöhung (für 0,2 m Et_4NBr in H_2O fanden wir z. B. $\frac{d(\Delta\delta)}{dT} = -4{,}4 \cdot 10^{-4}$ ppm · grd^{-1}). Für 0,2 m Et_4NBr in CH_3CN oder $CHCl_3$ dagegen ist praktisch keine Temperaturabhängigkeit von $\Delta\delta$ nachweisbar (Abb. 10).

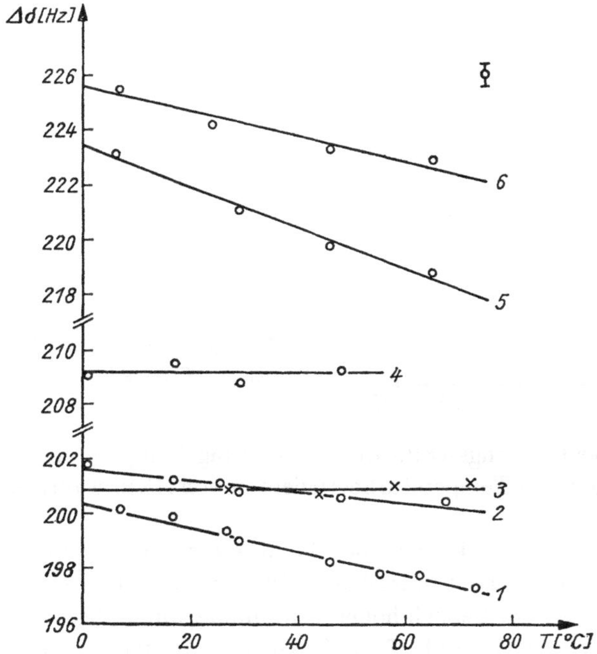

Abb. 10. Temperaturabhängigkeit von $\Delta\delta$ in verschiedenen TAA-Salzlösungen

1 – 0,2 m Et_4NBr in H_2O;
2 – 6,0 m Et_4NBr in H_2O;
3 – 0,2 m Et_4NBr in CH_3CN;
4 – 0,2 m Et_4NBr in $CHCl_3$;
5 – 0,1 m Pr_4NBr in H_2O;
6 – 0,1 m Bu_4NBr in H_2O

Die Ursachen für die höheren Werte $\delta_0 = \Delta\delta(c \to 0)$ in wäßrigen Lösungen im Vergleich zu CH_3CN (Tab. 6) dürften in spezifischen kollektiven Eigenschaften der Wasserstruktur in der Umgebung der unpolaren Alkylgruppen liegen. Hertz und Holz [38] schließen aus der Konzentrationsabhängigkeit der Anionen-Spin-Gitter-Relaxationszeiten in R_4NX-Lösungen, daß die unmittelbar an die unpolaren Alkylgruppen angrenzenden Wassermoleküle eine weitgehende Parallelorientierung ihrer Dipole zeigen (ähnlich wie dies nach der significant-structure-Theorie für die Moleküle in der ersten Oberflächenschicht beim reinen Wasser angenommen wird [68]). Wir glauben, daß das elektrische Feld dieser parallelorientierten H_2O-Dipole die Alkylgruppen der R_4N^+-Ionen polarisiert und damit zu der beobachteten Zunahme von δ_0 führt. Mit Erhöhung der Temperatur wird dieser Effekt geringer, da die verstärkte thermische Bewegung zu

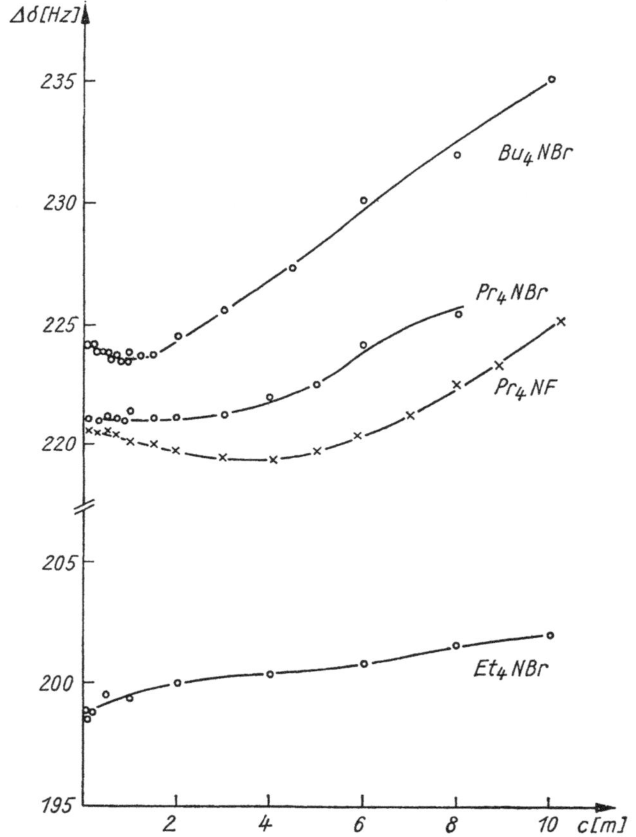

Abb. 11. $\Delta\delta$ (c) in wäßrigen TAA-Salzlösungen ($T = 29\,°C$)

einer allmählichen Zerstörung dieser Ordnungsstrukturen in der Umgebung der Alkylgruppen führt; dies erklärt den negativen Temperaturkoeffizienten von $\Delta\delta$ in wäßrigen Lösungen.

Ein Vergleich der Konzentrationsabhängigkeiten von $\Delta\delta$ in wäßrigen und nichtwäßrigen Lösungen zeigt ebenfalls deutliche Unterschiede. In organischen Lösungsmitteln ist der Anstieg der $\Delta\delta(c)$-Kurven im Bereich hoher Verdünnung am größten und wird mit steigender Konzentration geringer (Abb. 7 bis 9; Gl. (6)). In den wäßrigen Lösungen dagegen werden bei niedrigen und mittleren Konzentrationen nur geringe Veränderungen von $\Delta\delta$ beobachtet, und zwar ein leichtes Anwachsen für Et_4NBr, nahezu konstante Werte im Falle von Pr_4NBr und für Pr_4NF und Bu_4NBr sogar eine leichte Abnahme (Abb. 11).

Ein deutliches Anwachsen von $\Delta\delta$, wie es durch Kation-Anion-Paarbildung verursacht wird, ist nur in sehr konzentrierten Lösungen zu beobachten, aber selbst in diesem Bereich werden solch hohe Werte wie in nichtwäßrigen Lösungen im Falle $K_c c \gg 1$ nicht erreicht.

Der Verlauf der $\Delta\delta(c)$-Kurven zeigt deutlich, daß ein einfaches Gleichgewicht des Typs (3) nicht ausreicht, um das Assoziationsverhalten der TAA-Ionen in wäßriger Lösung zu beschreiben. Vielmehr scheinen verschiedene Assoziationsgleichgewichte miteinander zu konkurrieren, wobei diese Komplexität eine Folge der besonderen Hydratstrukturen der unpolaren Gruppen sein dürfte.

Zur qualitativen Erklärung der experimentell erhaltenen Kurven (Abb. 11) schlagen wir folgendes Modell vor:

Im *Konzentrationsbereich* $c \lesssim 2\cdots3$ m lassen sich die gemessenen $\Delta\delta$-Werte am besten verstehen, wenn wir annehmen, daß sich infolge der hydrophoben Eigenschaften der Alkylgruppen Kation-Kation-Paare bilden, in denen der effektive Kontakt der hydrophoben Oberflächen mit dem Wasser reduziert ist.

Tabelle 7

$\Delta\delta$-Werte in ternären Systemen R_4NBr + zweites Bromid in H_2O

TAA-Salz	2. Elektrolyt	$\Delta\delta[10^{-2}$ ppm]
0,2 m Et_4NBr	—	198,8
0,2 m Et_4NBr	3,0 m NaBr	199,3
0,2 m Et_4NBr	3,0 m KBr	199,3
0,2 m Et_4NBr	0,5 m Me_4NBr	199,5[a])
0,2 m Et_4NBr	3,0 m Me_4NBr	201,2[a])
0,5 m Et_4NBr	3,0 m Pr_4NBr	200,3[a])
0,6 m Et_4NBr	3,0 m Bu_4NBr	200,3[a])
3,0 m Et_4NBr	—	200,2
0,2 m Pr_4NBr	—	221,1
0,2 m Pr_4NBr	3,0 m NaBr	221,1
0,2 m Bu_4NBr	—	224,2
0,2 m Bu_4NBr	3,0 m NaBr	224,6

[a]) $\Delta\delta$ bezieht sich auf Et_4N^+

Infolge ihrer großen Radien und geringen Ladungsdichten ist das Polarisationsvermögen der TAA-Ionen nicht viel größer bzw. sogar kleiner als das der Wassermoleküle in der geordneten Hydratstruktur (vgl. Abschn. 2.2.). Eine teilweise Substitution des Hydratwassers durch ein zweites Kation verursacht daher nur eine geringe Zunahme von $\Delta\delta$ im Falle des Et_4N^+ und für die größeren Kationen sogar einen leichten Abfall unter den Wert δ_0 für ein voll hydratisiertes R_4N^+-Ion (Abb. 11).

Um sicherzustellen, daß die $\Delta\delta$-Änderungen in diesem Konzentrationsbereich tatsächlich von Kation-Kation-WW herrühren, setzten wir verdünnten Et_4NBr-Lösungen ein zweites Bromid in wesentlich höherer Konzentration zu (Tab. 7).

Bei Zusatz von 3 m NaBr oder KBr ergaben sich Änderungen von $\Delta\delta$, die wesentlich geringer sind als bei Erhöhung der Konzentration von 0,2 auf 3,0 m in der reinen Et_4NBr-Lösung. Die WW Kation-Anion können also bei geringen und mittleren Konzentrationen keine dominierende Rolle spielen.

Dagegen verursacht die Zugabe von anderen TAA-Bromiden zu verdünnten Et_4NBr-Lösungen ein ähnliches Anwachsen von $\Delta\delta$ (Et_4N^+) wie die Konzentrationserhöhung der reinen Et_4NBr-Lösung. Es müssen also vor allem Wechselwirkungen zwischen den hydrophoben Kationen sein, die den Wert von $\Delta\delta$ in diesem Konzentrationsbereich bestimmen.

Der Zusatz von überschüssigen Anionen zu 0,2 m Pr_4NBr bzw. Bu_4NBr in H_2O verursacht ebenfalls kaum Änderungen von $\Delta\delta$ (Tab. 7), ganz im Gegensatz zu analogen Messungen in Acetonitril-Lösung (Tab. 3).

Auch andere Untersuchungsmethoden erbrachten Hinweise auf diese etwas ungewöhnliche Kation-Kation-Paarbildung in wäßrigen TAA-Salzlösungen [3, 69, 70]. Die Ursachen dieser Assoziation dürften aber nicht überwiegend energetischer Art sein; wahrscheinlich spielen anomale Entropieeffekte, die für die hydrophobe Hydratation charakteristisch sind [1, 71], auch bei der Zusammenlagerung unpolarer Teilchen oder Gruppen eine maßgebliche Rolle.

Im Bereich sehr *hoher Konzentrationen* ($c > 3$ m) werden die Eigenschaften der Lösungen wahrscheinlich vor allem durch die Bildung von größeren Ionenaggregaten bestimmt¹). Solche Aggregate sollten nun jedoch auch Anionen einschließen, da größere, allein aus Kationen bestehende Komplexe zu energetisch ungünstigen Ladungsanhäufungen führen würden.

So sollten zum Beispiel Ionentripeln $R_4N^+X^-R_4N^+$ oder bei extremen Konzentrationen noch größere Assoziate gebildet werden. In diesen Komplexen werden die Alkylgruppen wiederum durch die Anionen polarisiert, was sich in einem Ansteigen der $\Delta\delta$-Werte in diesem Konzentrationsbereich äußert (Abb. 11).

Hinweise auf solche Ionenaggregate ergeben sich auch aus Messungen von Mischungsvolumina. So ist die Differenz der Volumenänderungen beim Mischen von Bu_4NCl und NaCl einerseits sowie beim Mischen von Bu_4NBr und NaBr andererseits fast Null bis $c = 1{,}5$ m, wächst dann aber schnell mit der Konzentration an [72]. Dies deutet auf ein Einsetzen von Drei-Ionen-WW bei dieser Konzentration hin. Bemerkenswert ist, daß unsere $\Delta\delta(c)$-Kurve für Bu_4NBr im gleichen Konzentrationsbereich ($c \approx 1{,}5$ m) deutlich anzusteigen beginnt (Abb. 11).

Neben den TAA-Bromiden bezogen wir auch Pr_4NF in unsere Untersuchungen ein, weil der mittlere Aktivitätskoeffizient dieses Salzes im Gegensatz zu den anderen Pr_4N^+-Halogeniden in konzentrierten wäßrigen Lösungen ungewöhnlich hohe Werte erreicht [73].

Der Anstieg der $\Delta\delta(c)$-Kurve für Pr_4NF ist negativ bis etwa $c = 4$ m (Abb. 11), was wiederum durch Kation-Kation-Paarbildung erklärt werden kann. Zu einem Anwachsen von $\Delta\delta$ kommt es erst in den Konzentrationsbereichen, wo aus stöchiometrischen Gründen nicht mehr genügend Wasser zur vollständigen Hydratation aller Ionen verfügbar ist und so eine gewisse Annäherung von Kationen und Anionen unvermeidbar wird.

Die $\Delta\delta$-Werte für das Fluorid liegen über den gesamten Konzentrationsbereich deutlich unter denen für das Bromid, obwohl das F^--Ion, wenn es in Kontakt mit den Kationen gelangt, die Alkylgruppen stärker polarisieren sollte als das Br^--Ion.

Wir nehmen an, daß eine dichte Annäherung zwischen vollständig hydratisierten Pr_4N^+- und F^--Ionen durch den sogenannten „cosphere overlap"-Effekt [74] verhindert wird. Obwohl beide Ionen die Wasserstruktur zu erhöhen scheinen, sind ihre Hydratationseigenschaften sehr verschieden und ihre Kosphären werden als strukturell unverträglich angesehen [2]. Diese Abstoßung zwischen Pr_4N^+ und F^- widerspiegelt sich

¹) In geringer Anzahl treten solche höheren Komplexe sicher auch schon bei niedrigeren Konzentrationen auf, sollten dort aber noch keinen wesentlichen Einfluß auf den Wert von $\Delta\delta$ haben.

in unseren $\Delta\delta$-Werten und könnte auch die Ursache für die hohen Aktivitätskoeffizienten sein.

Friedmann und Mitarbeiter [75] versuchten, den quantitativen Einfluß dieses „cosphere overlap“ in TAA-Salzlösungen zu berechnen, indem sie die Parameter A_{++} und A_{+-} des Gurney-Potentials

$$\text{GUR}\,(i, j) = A_{ij} \cdot V_w^{-1} \cdot V_{mu}(r) \tag{7}$$

an die experimentellen osmotischen Koeffizienten anpaßten.

V_{mu} ist dabei das Überlappungsvolumen der beiden (als Kugelschalen der Dicke eines Wassermoleküls angenommenen) Hydrathüllen beim Abstand r zwischen den Ionen i und j; A_{ij} entspricht der Änderung der molaren freien Energie des zum Überlappungsvolumen gehörigen Lösungsmittels beim Übergang in den Zustand des „normalen“ Wassers, und V_w ist das Molvolumen von Wasser.

Die berechneten A_{+-}-Werte waren stark anionenabhängig. Für die Fluoride (ausgenommen Me_4NF) erwies sich A_{+-} als stark positiv, was die Annahme einer Abstoßung der Hydrathüllen von F^-- und den größeren TAA-Ionen unterstützt. Für die TAA-Bromide (und die übrigen Halogenide) lieferten die Anpassungen dagegen negative Werte von A_{+-} [75].

Daher dürfte eine Annäherung an die Kationen für die Br^--Ionen viel leichter sein als für F^-; die Bildung von Ionenaggregaten mit Beteiligung von Anionen sollte somit im Falle der Bromide bei viel niedrigeren Konzentrationen einsetzen als in den Fluoridlösungen. Genau diese Schlußfolgerung können wir auch aus dem Vergleich der $\Delta\delta(c)$-Kurven für Pr_4NBr und Pr_4NF ziehen (Abb. 11).

Ähnliche Unterschiede zwischen diesen beiden Salzen sind auch in den chemischen Verschiebungen der Wasserprotonen in ihren Lösungen zu beobachten (vgl. Abschn. 3.3., Abb. 1). Im linearen Bereich ($c \lessapprox 2$ m) zeigt sich hier für das Pr_4NF eine downfield-shift, die vor allem von der strukturverstärkenden Wirkung des F^- herrührt. Im Gegensatz zu allen Bromiden besitzt jedoch die Funktion $\delta_{Sol}(c)$ für das Fluorid ein Min mum bei $c \approx 2{,}5$ m. Der positive Anstieg bei höheren Konzentrationen kann wiederum durch die Überlappung der Hydrathüllen erklärt werden. Der dem Überlappungsvolumen entsprechende Teil des Hydratwassers wird in einen Zustand mit höherer freier Energie überführt, indem sich sein Strukturgrad verringert [75]; die Wasserresonanz verschiebt sich daher wieder nach höherem Feld.

Die Annahme, daß bei der Konzentration des Minimums der $\delta_{Sol}(c)$-Kurve (2,5 m) gerade alles Wasser in den Hydrathüllen der Ionen gebunden ist, erlaubt eine grobe Abschätzung der Hydratationszahl des Pr_4N^+-Ions. Aus $n_H(Pr_4N^+) + n_H(F^-) = \frac{55 \cdot 5}{2{,}5} \approx 22$ erhalten wir mit $n_H(F^-) = 4 \cdots 6$ (vgl. [76]) einen Wert

$$n_H(Pr_4N^+) \approx 16 \cdots 18$$

3.5. Ergebnisse anderer NMR-Untersuchungen

Neben den von uns hier besprochenen molalen Verschiebungen der Wasserresonanz und den chemischen Verschiebungen der Alkylprotonen wurden auch andere Meßgrößen der hochauflösenden Kernresonanz zur Untersuchung von TAA-Salzlösungen herangezogen.

Die Spin-Gitter-Relaxationsraten $1/T_1$ der ^{2}D-Kerne in Lösungen von TAA-Salzen in D_2O nehmen mit wachsender Salzkonzentration zu, und zwar um so ausgeprägter je größer das Kation ist [34, 35]. Die aus den Anstiegen der $1/T_1 vs. c$-Kurven ermittelten Korrelationszeiten der Wasserumorientierung in der Umgebung der Kationen τ_c^+ liegen deutlich höher als im reinen Wasser ($\tau_c^+/\tau_c^0 = 1{,}6$ für Me_4N^+; 2,1 für Et_4N^+; 3,1 für Pr_4N^+ und 2,9 für Bu_4N^+ [34]).

Die ^{17}O-Relaxationszeiten der H_2O-Moleküle in TAA-Salzlösungen zeigen qualitativ dieselbe Abhängigkeit von Konzentration und Kationengröße [77] und weisen damit gleichfalls auf eine strukturbildende Wirkung der Kationen hin.

Im Gegensatz zur Protonenresonanz ergibt sich für die ^{17}O-Resonanz des Wassers bei Zusatz von Me_4NBr oder Bu_4NBr eine downfield-shift [77]. Gesicherte Aussagen über die Struktur der Lösungen können daraus jedoch nicht abgeleitet werden, weil das Verständnis der ^{17}O-chemischen Verschiebungen noch sehr unbefriedigend ist [50].

Aus den Relaxationszeiten T_1 der Alkylprotonen (genauer: deren intramolekularer Komponente) in D_2O-Lösung wurden die Umorientierungszeiten der TAA-Ionen bestimmt. Es ergaben sich Werte zwischen $\tau_r = 5 \cdot 10^{-12}$ s für Me_4N^+ und $\tau_r = 1{,}2 \cdot 10^{-10}$ s für Bu_4N^+ [34].

Eingehend untersucht wurden auch die Relaxationszeiten einiger spintragender Anionenkerne (^{35}Cl [37], ^{79}Br [36, 37], ^{81}Br [38] und ^{127}J [37]) in wäßrigen TAA-Salzlösungen.

Für alle genannten Spins wurde eine viel stärkere Zunahme der Relaxationsrate mit der R_4N^+-Konzentration beobachtet als man infolge der Erhöhung der (makroskopischen) Viskositäten ($\tau_c \sim \eta$) erwarten sollte. Wiederum ist dieser anomale Relaxationseffekt um so ausgeprägter, je länger die Alkylgruppen des Kations sind.

Die Analyse der Messungen ergab, daß bis zu mittleren Konzentrationen direkte WW zwischen Anionen und Kationen nicht nachweisbar sind, sondern der enorme Anstieg von $1/T_1$ auf eine starke WW der Anionen mit der modifizierten Wasserstruktur in der Umgebung der unpolaren Gruppen zurückzuführen ist. Lindman und Mitarbeiter [36, 37] nehmen an, daß die Bindung zwischen Anion und Wassermolekülen in diesem Bereich wesentlich stärker als in großer Entfernung vom Kation ist. Dagegen schlagen Hertz und Holz [38] eine rein elektrostatische Erklärung vor, die davon ausgeht, daß die H_2O-Dipole der ersten Wasserschicht um die unpolaren Kationen herum parallel zueinander liegen. Diese Ausrichtung der Dipole verursacht an einem benachbarten Anion einen großen elektrischen Feldgradienten, welcher infolge der stochastisch zeitabhängigen WW mit dem Quadrupolmoment des Anionenkerns ($I > 1/2$ für alle genannten Anionen) zu einer starken Erhöhung der Relaxationsrate führt.

Als Ursache für die Dipolorientierung betrachten die Autoren die Nachbarschaft der von den Kationen gebildeten dielektrischen Hohlräume [38]. Ein an die Alkylgruppen angrenzendes H_2O-Molekül ist daher nicht mehr symmetrisch von Dipolen umgeben; das auf sein eigenes Dipolmoment wirkende elektrische Feld mittelt sich folglich nicht in dem Maße aus wie bei einem herausgegriffenen Molekül im bulk-water.

Dieses Modell vermag auch unsere Beobachtung, daß die Werte $\delta_0 = (\delta^{(1)}_{CH_2} - \delta_{CH_3})_{c \to 0}$ in wäßriger Lösung bedeutend höher liegen als in organischen Lösungsmitteln (vgl. Tab. 6), zwanglos als Polarisation der Alkylgruppen durch die orientierten Wasserdipole zu erklären.

Der anomale Relaxationseffekt der Anionenspins nimmt mit steigender Temperatur ab [38], da die thermische Bewegung die besondere Anordnung der Wassermoleküle um die Alkylgruppen herum zerstört, wie wir schon aus den Temperaturabhängigkeiten der molalen Verschiebungen der Wasserprotonen (Tab. 2) sowie der $\Delta\delta$-Werte in wäßrigen TAA-Salzlösungen (Abb. 10) gefolgert hatten.

Ein Vergleich der mit Spin-Echo-Methoden gemessenen Selbstdiffusionskoeffizienten der R_4N^+-Ionen und der H_2O-Moleküle in TAA-Salzlösungen zeigt, daß die Hydratstrukturen der Kationen nicht langlebig in dem Sinne sind, daß ein bestimmtes Wassermolekül über viele Translationssprünge eines R_4N^+-Ions hinweg in dessen Hydrathülle verbleibt [70].

4. LASER-RAMAN-SPEKTROSKOPISCHE UNTERSUCHUNGEN

4.1. Experimentelles

Der Aufbau der für die RAMAN-Messungen verwendeten Apparatur ist in Abb. 12 schematisch dargestellt.

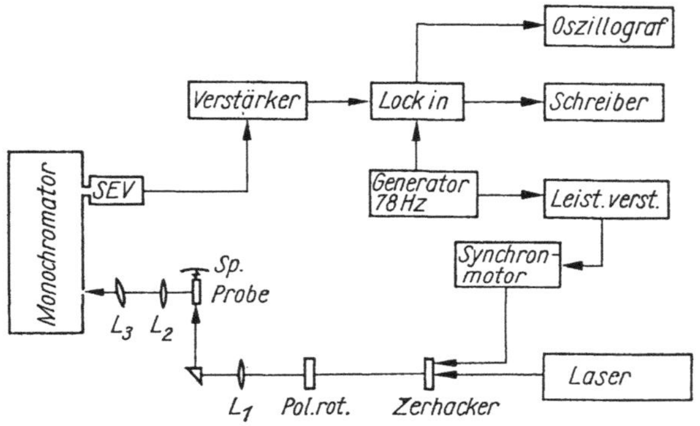

Abb. 12. Schematischer Aufbau der RAMAN-Apparatur

Als Lichtquelle diente ein Argon-Krypton-Ionen-Laser CR2-500K der Firma Coherent Radiation. Je nach Beschaffenheit und Streuvermögen der Proben wurden folgende Wellenlängen zur Anregung verwendet (in Klammern maximale Ausgangsleistung):

Ar^+: 4880 Å (800 mW), 5145 Å (1000 mW)

Kr^+: 4762 Å (50 mW), 5208 Å (120 mW), 5682 Å (170 mW)

Die selektive Anregung der gewünschten Linie wird durch Drehen eines im Resonator befindlichen hochdispergierenden Prismas erreicht. Die Laserausgangsleistung wird von einem Lichtstabilisator bis auf etwa 1% konstant gehalten.

Als dispergierendes Element dient ein Doppelgittermonochromator vom Typ DFS-12 (je 600 Striche pro mm). Der Nachweis des Streulichtes erfolgte mit einem stickstoffgekühlten SEV M12FQC51 mit S20-Charakteristik sowie anschließender Lock-in-Verstärkung. Analysiert wurde bei allen Messungen das unter einem Winkel von 90° zur Einfallsrichtung (Z) gestreute Licht (X). Bei Depolarisationsgradmessungen wurde jeweils die Polarisation des Erregerlichtes gedreht, ohne das Streulicht auf seine Polarisation hin zu analysieren.

Falls der elektrische Feldvektor des Erregerlichtes senkrecht (Y) zur Beobachtungsrichtung orientiert ist, mißt man folgende Intensität:

$$I_{\perp} = I[Z(YY)X] + I[Z(YZ)X] = A(\nu)\,(45\bar{\alpha}'^2 + 7\gamma'^2) \tag{8}$$

Mit dem elektrischen Feldvektor parallel zur Beobachtungsrichtung (X) ergibt sich entsprechend

$$I_{\parallel} = I[Z(XY)X] + I[Z(XZ)X] = A(\nu) \cdot 6\gamma'^2 \tag{9}$$

und damit der Depolarisationsgrad zu

$$\varrho = \frac{I_{\parallel}}{I_{\perp}} = \frac{6\gamma'^2}{45\bar{\alpha}'^2 + 7\gamma'^2} \tag{10}$$

Dabei sind [79]:

$$A(\nu) = \text{const} \cdot (\nu_0 - \nu)^4 \, [\nu(1 - e^{-h\nu/kT})]^{-1} \tag{11}$$

ν_0 — Frequenz des Erregerlichtes

ν — Raman-Schwingungsfrequenz

$\bar{\alpha}' = \frac{1}{3} \frac{d}{dQ} \left(Sp \, \overset{\rightrightarrows}{\alpha}\right)$ — Ableitung der mittleren Polarisierbarkeit nach der Normalkoordinate Q

γ' — entsprechende Ableitung der Anisotropie des Polarisierbarkeitstensors

In den Klammerausdrücken der Art $[A(BC)D]$ ist A die Ausbreitungsrichtung des Erregerlichtes und D die Beobachtungsrichtung; B und C geben die Richtung des elektrischen Feldvektors beim Erregerlicht und beim Streulicht an (vgl. z. B. [78]).

Zur Wellenlängeneichung wurden 38 über den gesamten Arbeitsbereich des Spektrometers (4600—7500 Å) verteilte Emissionslinien der Plasmaentladung des Krypton-Lasers herangezogen, deren genaue Vakuumwellenlängen aus Spektrallinientabellen [80] entnommen werden konnten.

Die Abhängigkeit der spektralen Spaltbreite von der mechanischen Spaltöffnung des Spektrometers wurde ebenfalls anhand zweier Krypton-Plasmalinien (5333 Å und 7213 Å) untersucht, wobei der geringe Beitrag der natürlichen Linienbreiten dieser Elektronenübergänge zu den gemessenen Linienbreiten vernachlässigt werden kann.

Die spektrale Empfindlichkeit des Systems Monochromator + SEV zeigt eine ziemlich starke Wellenlängenabhängigkeit, bezüglich derer man z. B. die relativen Intensitäten der Linien eines RAMAN-Spektrums oder auch die Profile sehr breiter Schwingungsbanden (z. B. OH-Valenzschwingungen von Hydroxylgruppen in flüssigen Phasen) zu korrigieren hat. Zur Bestimmung der Empfindlichkeitsabnahme mit der Wellenlänge kann das Intensitätsverhältnis von STOKESschen und ANTISTOKESschen RAMAN-Linien herangezogen werden, für welches sich theoretisch ein Wert

$$\frac{I_{\text{St}}}{I_{\text{Ast}}} = \frac{(\nu_0 - \nu_R)^4}{(\nu_0 + \nu_R)^4} \, e^{h\nu_R/kT} \tag{12}$$

ergeben sollte [81]. Der Vergleich des tatsächlich experimentell gefundenen Intensitätsverhältnisses mit dem theoretischen Wert von Gl. (12) liefert dann die mittlere Abnahme der Apparateempfindlichkeit $\frac{dE}{d\lambda}$ im Intervall zwischen den Wellenlängen

$$\lambda_{\text{Ast.}} = (\nu_0 + \nu_R)^{-1} \quad \text{und} \quad \lambda_{\text{st.}} = (\nu_0 - \nu_R)^{-1}.$$

Wir haben $\frac{dE}{d\lambda}$ jeweils aus dem STOKES-ANTISTOKES-Verhältnis der drei intensiven Tetrachlorkohlenstofflinien 218, 314 und 459 cm^{-1} für fünf Anregungswellenlängen zwischen 4762 Å und 5682 Å bestimmt. Die erhaltenen Werte hängen zwar etwas von λ_0 sowie dem Polarisationszustand der jeweiligen RAMAN-Linien ab (Apparatepolarisation!), liegen aber fast durchweg zwischen $-1{,}0 \cdot 10^{-3}$ Å^{-1} und $-2{,}0 \cdot 10^{-3}$ Å^{-1}. Ihr arithmetisches Mittel ergibt $\left(\frac{dE}{d\lambda}\right) = -1{,}55 \cdot 10^{-3}$ Å^{-1}[32]; dieser konstante Wert wurde der Korrektur der experimentellen OD-Valenzbandenprofile bezüglich der Abnahme der Apparateempfindlichkeit zugrunde gelegt.

Zur Herstellung der Lösungen wurde entweder zwei- bzw. dreifach destilliertes H_2O oder D_2O von Isocommerz Leipzig (angegebener D_2O-Gehalt: 99,7%) benutzt.

Mit zunehmender Größe der Kationen machen sich in den RAMAN-Spektren der R_4NX-Lösungen Fluoreszenzen störend bemerkbar. Während Me_4N^+- und Et_4N^+-Salze nach Umkristallisation nicht bzw. kaum fluoreszieren, ist die Qualität der Spektren bei Pr_4N^+-Salzen schon stark beeinträchtigt; bei Bu_4N^+-Salzen verblieben auch nach mehrmaligem Umkristallisieren solch starke Fluoreszenzen, daß befriedigende RAMAN-Spektren selbst bei Gelbanregung nicht gemessen werden konnten.

4.2. Raman-Spektrum des reinen Wassers

Ein ungestörtes Wassermolekül (Symmetriegruppe C_{2v}) besitzt drei Schwingungsfreiheitsgrade. Für die (anharmonischen) Frequenzen der Normalschwingungen findet man im verdünnten Wasserdampf folgende Werte [82]:

	H_2O	D_2O	HDO
symm. Valenzschw. $\nu_1(A_1)$	3657	2671	2727
Deformationsschw. $\nu_2(A_1)$	1595	1178	1402
antisymm. Valenzschw. $\nu_3(B_1)$	3756	2788	3707

Gruppentheoretische Überlegungen zeigen, daß ν_1 und ν_2 sowohl in der isotropen als auch in der anisotropen RAMAN-Streuung auftreten ($0 < \varrho < 6/7$), ν_3 dagegen nur in der anisotropen Streuung erlaubt ist ($\bar{\alpha}' = 0$, d. h. $\varrho = 6/7$). Alle drei Schwingungen sind weiterhin infrarotaktiv.

Das Schwingungsspektrum des flüssigen Wassers ist trotz der einfachen Struktur des isolierten H_2O-Moleküls relativ kompliziert [83].

Statt der beiden scharfen Linien ν_1 und ν_3 im OH- (bzw. OD-) Valenzgebiet beobachtet man in der Liquidphase eine extrem breite, strukturierte Bande, die infolge der starken H-Brückenbindungen zwischen den Wassermolekülen (Erniedrigung der Valenzkraftkonstante!) um mehrere Hundert cm^{-1} nach niedrigeren Wellenzahlen verschoben ist (Abb. 13). Aus dem gleichen Grunde liegt ν_2 bei einer höheren Frequenz (1640 cm^{-1} für H_2O, 1205 cm^{-1} für D_2O) als im isolierten Molekül (H-Brückenbildung vergrößert die Deformationskraftkonstante), und es treten zusätzlich intermolekulare Schwingungen auf (vgl. [84]).

Problematisch ist vor allem die Interpretation der breiten Valenzbanden von H_2O und D_2O, weil deren Profile nicht nur durch die intramolekulare Kopplung der OH- bzw. OD-Oszillatoren, sondern auch durch intermolekulare Kopplungen der Oszillatoren benachbarter Moleküle beeinflußt werden; ferner ist FERMI-Resonanz [31] vor allem zwischen ν_1 und $2\nu_2$ nicht auszuschließen.

Die Zerlegung der empfindlichkeitskorrigierten OD-Bandenprofile von D_2O[1]) in GAUSS-Komponenten mit Hilfe eines nichtlinearen Least-squares-Verfahrens (siehe [32]) liefert bereits bei Verwendung dreier Teillinien eine befriedigende Anpassung (Abb. 14). Die bei dieser Profilanalyse erhaltenen Parameter der einzelnen Teilbanden sind in Tab. 8 zusammengestellt. Die quantitativen Ergebnisse dieser Profilanalysen

Tabelle 8

Parameter der GAUSSschen Teilbanden für die OD-Valenzbande von D_2O

Komponente	$I_\perp$			$I_\parallel$		
	ν [cm^{-1}]	$\Delta\nu_{1/2}$ [cm^{-1}]	I_{rel}	ν [cm^{-1}]	$\Delta\nu_{1/2}$ [cm^{-1}]	I_{rel}
ν_d^s	2369	87	0,098	2407 (für ν_d^s und ν_b)	147	0,135
ν_b	2490	264	0,889			
ν_w	2677	63	0,013	2668	97	0,130
ν_d^a	—	—	—	2554	159	0,735

sollten jedoch nicht überbewertet werden, da die Verwendung symmetrischer GAUSS-Funktionen für die Teilbanden eigentlich nur durch deren einfache mathematische Handhabbarkeit zu begründen ist. Die wirklichen Komponentenprofile sind wahrscheinlich komplizierter, einmal deswegen, weil die Verteilung der O...O-Abstände im Wasser unsymmetrisch bezüglich ihres Maximums ist [82]; zum anderen können sie durch FERMI-Resonanz mit dem Oberton $2\nu_2$ der Deformationsschwingung etwas verzerrt sein.

Nachdem bei Interpretationsversuchen der Valenzschwingungsprofile des flüssigen Wassers auf der Basis reiner Kontinuumsmodelle [82, 85, 86] oder reiner Mischungsmodelle [84, 87, 88] jeweils nur ein Teil der experimentellen Fakten befriedigend erklärt werden konnte, wurden in letzter Zeit Vorstellungen entwickelt, die wesentliche Merkmale beider genannter Modelle in sich vereinen [78, 89, 90]. Wie bei den Mischungsmodellen geht man dabei zunächst von der Existenz zweier grundsätzlich verschiedener Sorten von Wassermolekülen aus, nämlich

a) von symmetrisch gebundenen, bei denen beide OD-Gruppen an starken H-Brücken beteiligt sind (C_{2v}-Symmetrie bleibt erhalten) und
b) von unsymmetrisch gebundenen mit einer starken und einer schwachen H-Brücke (C_{2v}-Symmetrie gestört).

In Anlehnung an die Kontinuumsmodelle (d. h. im Gegensatz z. B. zu WALRAFENS Arbeiten [84, 87]) wird aber innerhalb dieser Klassen eine kontinuierliche Verteilung über die Brückenenergien angenommen, wodurch die großen Halbwertsbreiten der einzelnen Teilbanden (Tab. 8) verständlich werden.

Die symmetrisch gebundenen Spezies besitzen wie das isolierte Molekül eine sym-

[1]) Zu den Untersuchungen wurde vor allem die OD-Valenzbande herangezogen, weil sich dem H_2O-Valenzschwingungsprofil in R_4NX-Lösungen die CH-Valenzschwingungen der Kationen überlagern. Außerdem ist die spektrale Empfindlichkeit unserer Meßanordnung im Gebiet der OD-Bande größer als im Gebiet der OH-Bande.

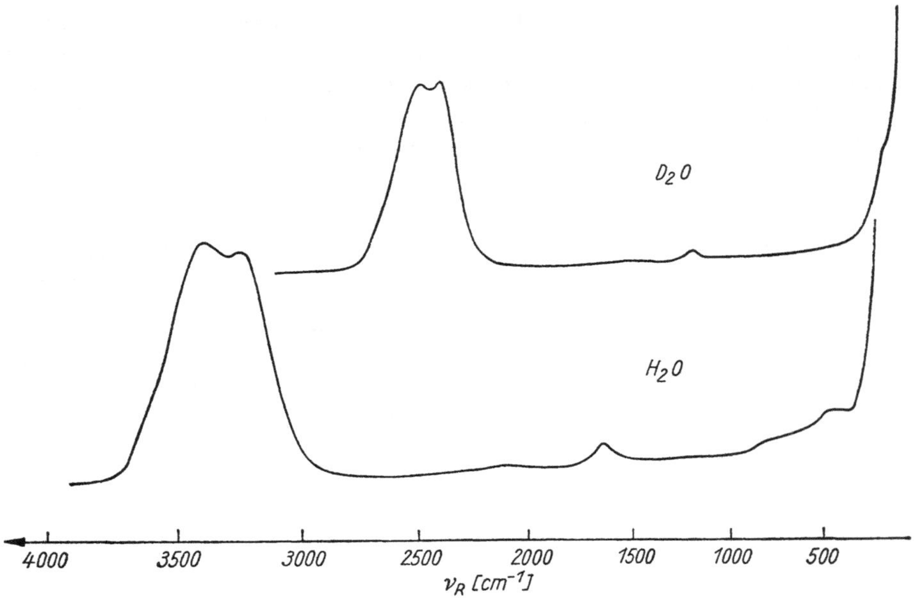

Abb. 13. Gesamtes RAMAN-Spektrum ($I_\perp$) des flüssigen Wassers

$\lambda_0 = 4880$ Å; Spaltbreite ≈ 10 cm^{-1}

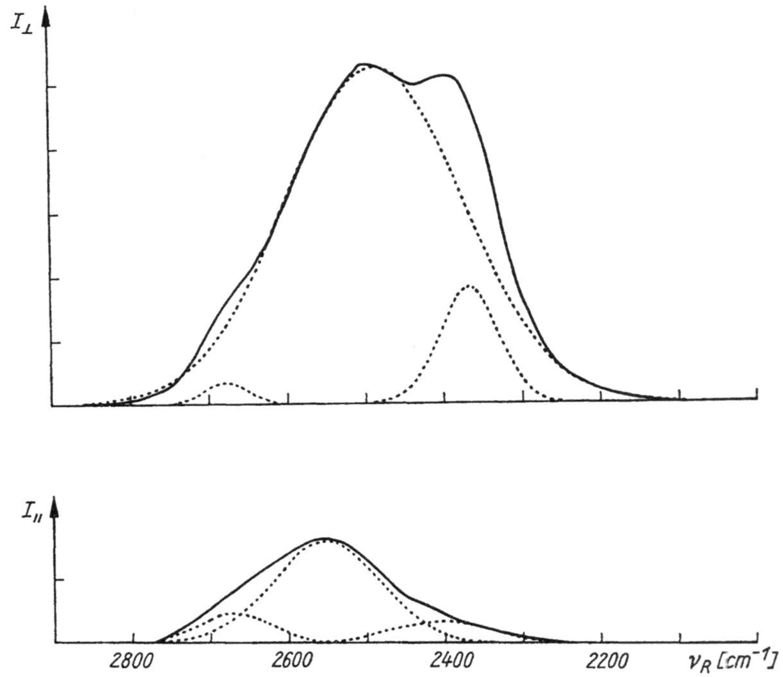

Abb. 14. Teilbandenanalyse der polarisierten und depolarisierten OD-Valenzbande von D_2O mit GAUSS-Funktionen

metrische (ν_d^s) und eine antisymmetrische (ν_d^a) Valenzschwingung, wobei letztere nur in der anisotropen RAMAN-Streuung auftritt. Bei den unsymmetrisch gebundenen Molekülen sind die Valenzschwingungen der stark gebundenen (ν_b) und der schwach gebundenen (ν_w) OH-Gruppen weitgehend entkoppelt [89] und beide auch in der isotropen Streuung erlaubt.

Die Zuordnung dieser vier Moden zu den bei der Profilanalyse erhaltenen Teilbanden ist in Tab. 8 angegeben. Die Intensität von ν_d^s und ν_b ist dabei in der anisotropen Streuung so schwach, daß im $I_\parallel$-Spektrum diese beiden Komponenten vom Computer nur in Form einer schwachen, sehr breiten Bande summarisch erfaßt werden. Aus Abb. 14 ist ferner ersichtlich, daß der Depolarisationsgrad ϱ längs der OD-Valenzbande nicht konstant ist, sondern nach der hochfrequenten Seite hin stark zunimmt (vgl. [91]).

Falls man eines der beiden Isotope H_2O oder D_2O in einer sehr verdünnten Lösung des anderen Isotops untersucht, erhält man die Valenzbanden des HDO-Moleküls, die wesentlich einfacher zu interpretieren sind als die von H_2O oder D_2O. Beim HDO ist nämlich eine intramolekulare Kopplung der OH- und OD-Oszillatoren praktisch nicht vorhanden und durch Verwendung hinreichend kleiner HDO-Konzentrationen kann auch die intermolekulare Kopplung eliminiert werden. Weiterhin liegt der Oberton $2\nu_2$ auch im flüssigen Zustand ($\nu_2 = 1440$ cm^{-1}) so weit von ν_1 und ν_3 entfernt, daß FERMI-Resonanz nicht auftreten kann.

Abbildung 15 zeigt die Veränderung der OD-Valenzbande in H_2O—D_2O-Gemischen bei Verringerung des D_2O-Anteils. Dabei wird der relative Beitrag der D_2O-Spezies zu dieser Bande immer mehr zurückgedrängt zugunsten von HDO-Molekülen. Da letztere keine ν_d^s-Mode besitzen, nimmt die Intensität der 2370 cm^{-1}-Teilbande mit zunehmender Verdünnung rasch ab.

In einer Lösung von 10 Mol-% D_2O in H_2O ist die OD-Valenzbande als weitgehend entkoppelt anzusehen. Bei einer Profilanalyse kann die polarisierte RAMAN-Bande $I_\perp$

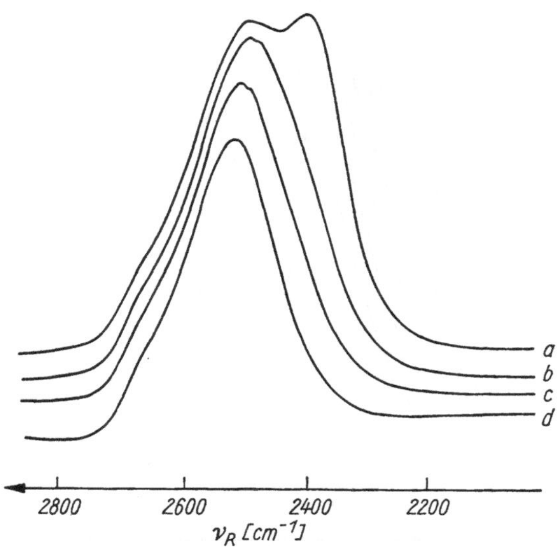

Abb. 15. OD-Valenzbanden ($I_\perp$) für

a – 100% D_2O; *b* – 50 Mol% D_2O + 50 Mol% H_2O (H_2O: HDO: D_2O = 1:2:1); *c* – 25 Mol % D_2O + 75 Mol % H_2O (H_2O:HDO:D_2O = 9:6:1); *d* – 10 Mol % D_2O + 90 Mol % H_2O (H_2O:HDO:D_2O = 81:18:1); (λ_0 = 4762 Å (*a*) bzw. 4880 Å (*b*–*d*), Spaltbreite 18 cm^{-1} (*a*) bzw. 10 cm^{-1} (*b*–*d*)) (nach Korrektur bezüglich Untergrund und Empfindlichkeit) entsprechend durch Verwendung nur zweier GAUSS-Komponenten (für ν_b und ν_w) gut reproduziert werden. Deren beim Fit erhaltene Parameter sind:

ν_b: $\nu = 2525\ \mathrm{cm}^{-1}$ $\quad \Delta\nu_{1/2} = 174\ \mathrm{cm}^{-1}$ $\quad I_{\mathrm{rel}} = 0{,}936$

ν_w: $\nu = 2664\ \mathrm{cm}^{-1}$ $\quad \Delta\nu_{1/2} = 81\ \mathrm{cm}^{-1}$ $\quad I_{\mathrm{rel}} = 0{,}064$

Die Verringerung der Halbwertsbreite der ν_b-Komponente gegenüber der im reinen D_2O (vgl. Tab. 8) ist durch den Wegfall der intermolekularen Kopplungen bedingt.

4.3. Einfluß von TAA-Salzen auf die Valenzschwingungen des Wassers

Die Zugabe von Ionen zum Wasser modifiziert dessen Schwingungsspektrum am stärksten im Valenzbereich [85, 92—102].

Die Abb. 16 bis 18 zeigen die Veränderungen der OD-Valenzbande von D_2O bei sukzessivem Zusatz verschiedener TAA-Salze.

Einige charakteristische Effekte sind bei allen untersuchten R_4NX-Salzen in ähnlicher Form anzutreffen. So bewirken sie z. B. bis zu mittleren Konzentrationen eine deutliche Verschiebung des Peakmaximums der OD-Bande nach höheren Wellenzahlen. In sehr konzentrierten Lösungen nehmen dann die Peakfrequenzen wieder etwas ab, verbleiben aber stets höher als im reinen D_2O (Abb. 19).

Klar zu erkennen ist weiterhin, daß sich die Linienbreiten der Gesamtbande bei Zusatz aller R_4NX-Salze erheblich verringern (Abb. 16 bis 18).

Eine Vielzahl empirischer Daten zeigt aber, daß bei H-Brückenbindungen X—H... Y die Frequenzerniedrigung der X—H-Valenzschwingung (relativ zur ungebundenen

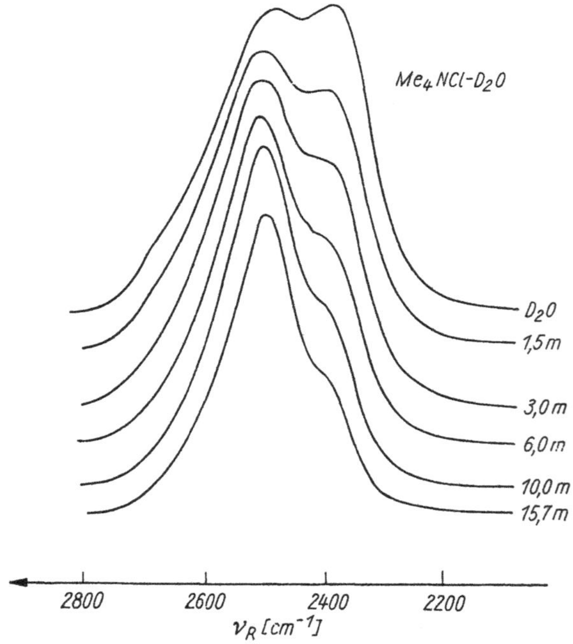

Abb. 16. OD-Valenzbande ($I_\perp$) in verschiedenen Me_4NCl-D_2O-Lösungen

$\lambda_0 = 4762$ Å; Spaltbreite: $18\ \mathrm{cm}^{-1}$

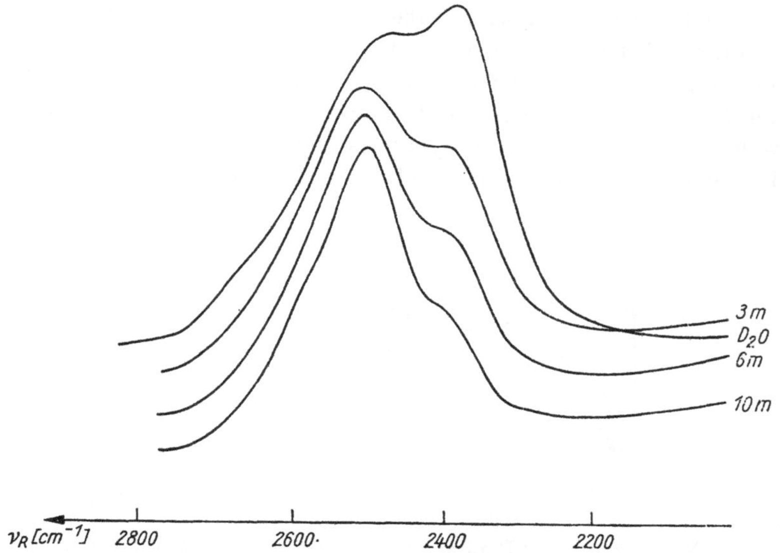

Abb. 17. OD-Valenzbande ($I_\perp$) in Et_4NBr-D_2O-Lösungen

$\lambda_0 = 5208$ Å; Spaltbreite: 15 cm^{-1}

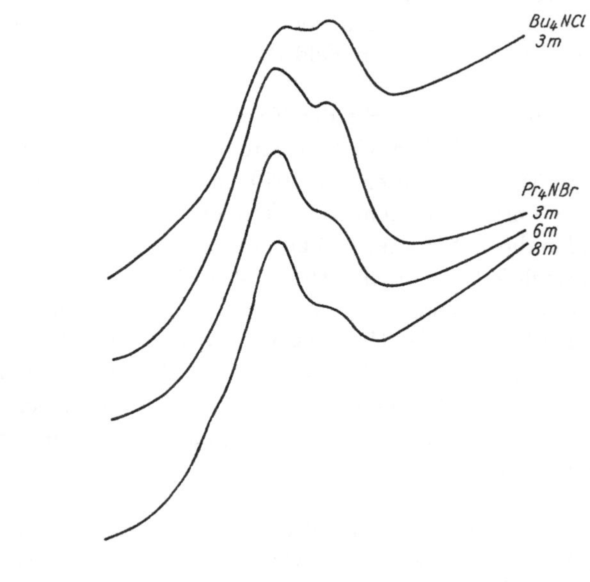

Abb. 18. OD-Valenzbande ($I_\perp$) in Pr_4NBr-D_2O-Lösungen sowie 3 m Bu_4NCl in D_2O

$\lambda_0 = 5682$ Å; Spaltbreite: 18–23 cm^{-1}

X—H-Gruppe) und auch die Halbwertsbreite der Valenzbande mit steigender Brückenenergie zunimmt [103]. Die genannten Veränderungen der OD-Valenzbande zeigen daher, daß über den gesamten Probenbereich gemittelt die Energie der H-Brücken zwischen den Wassermolekülen bei TAA-Salzzusatz etwas abnimmt. Die starke Verringerung der Halbwertsbreiten weist außerdem darauf hin, daß die Verteilung der Moleküle über die H-Brückenenergien schärfer ist als im reinen Wasser.

Der Depolarisationsgrad der OD-Valenzbande wird durch Zusatz von Me_4NCl und Et_4NBr über die ganze Breite der Bande hinweg erhöht (in Pr_4NBr- und Bu_4NBr-Lösungen waren genaue Depolarisationsgradmessungen wegen des starken Fluoreszenzuntergrundes nicht möglich). Eine ähnliche Erhöhung von ϱ wurde auch für die Chloride

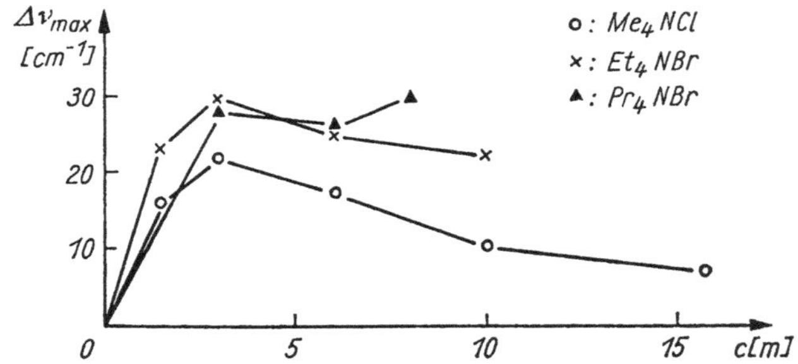

Abb. 19. Verschiebung der Peakmaxima der OD-Bande in R_4NX-D_2O-Lösungen

und Perchlorate von La^{3+}, Lu^{3+} und Gd^{3+} gefunden [100, 101]. Dies muß aber nicht auf Struktureinflüsse der Ionen zurückgehen, sondern die Anisotropie der Polarisierbarkeit der H_2O-Moleküle wird im elektrischen Feld der Ionen zunehmen, wodurch sich nach Gl. (10) die ϱ-Werte erhöhen.

Die deutlichsten Änderungen bewirkt der Zusatz von R_4NX-Salzen im Linienprofil der OD-Valenzbande. In allen Fällen wird die Streuintensität unterhalb 2400 cm^{-1} stark verringert; außerdem ist die Schulter bei 2670 cm^{-1} schon bei mittleren Elektrolytkonzentrationen ($c = 3$ m) nicht mehr zu erkennen. Die starke Intensitätsabnahme bzw. das Verschwinden dieser Schulter (ν_w) könnte man als Hinweis dafür ansehen, daß sich die Zahl der schwach (oder gar nicht) H-brückengebundenen OD-Gruppen erheblich verringert[1]) [99]. Derselbe Effekt wurde aber auch in Lösungen solcher Elektrolyte wie CsCl [102] oder KJ [96], die die H-Brückenstruktur in ihrer Umgebung mit Sicherheit nicht intensivieren, gefunden. Daher glauben wir, daß die Schwingungsfrequenzen der schwach gebundenen OD-Gruppen durch elektrostatische Wechselwirkungen mit den Ionen erniedrigt werden[2])[3]) und folglich die Teilbande ν_w mit unter die intensive ν_b-Komponente geschoben wird[4]).

[1]) Wir setzen voraus, daß die Klassifizierung der Wassermoleküle in symmetrisch und unsymmetrisch H-brückengebundene Spezies (vgl. Abschn. 4.2.) auch in den Elektrolytlösungen ihre Gültigkeit behält.

[2]) Modellrechnungen von SARTORI und FURLANI [119] ergaben, daß bei Wassermolekülen, die an ein mehrwertiges Kation gebunden sind, die Valenzschwingungsfrequenzen um mehrere Hundert cm^{-1} erniedrigt werden.

[3]) Bei den größeren TAA-Ionen mit ihrer geringen Ladungsdichte könnte diese elektrostatische WW u. U. indirekt über eine Parallelorientierung der benachbarten Wasserdipole erfolgen (vgl. Abschn. 3.5.).

[4]) Diese Annahme wird auch dadurch bekräftigt, daß in Lösungen von Nichtelektrolyten (z. B. Dimethylsulfoxid [78] oder Acetonitril [104]) in D_2O die hochfrequente Schulter der OD-Valenzbande selbst bei hohen Konzentrationen der organischen Spezies erhalten bleibt.

Wenn sich bei extrem hohen Elektrolytkonzentrationen die Breite der zentralen ν_b-Komponente stark verringert (vgl. Abb. 20), wird auf deren hochfrequenter Seite wiederum eine schwache Schulter sichtbar, schwach ausgeprägt z. B. unterhalb 2600 cm^{-1} in 15,7 m Me_4NCl-Lösung (Abb. 16), deutlicher dagegen bei bzw. leicht oberhalb 2600 cm^{-1} in 10 m Et_4NBr bzw. 8 m Pr_4NBr (Abb. 17, 18). Wir nehmen an, daß diese Schultern

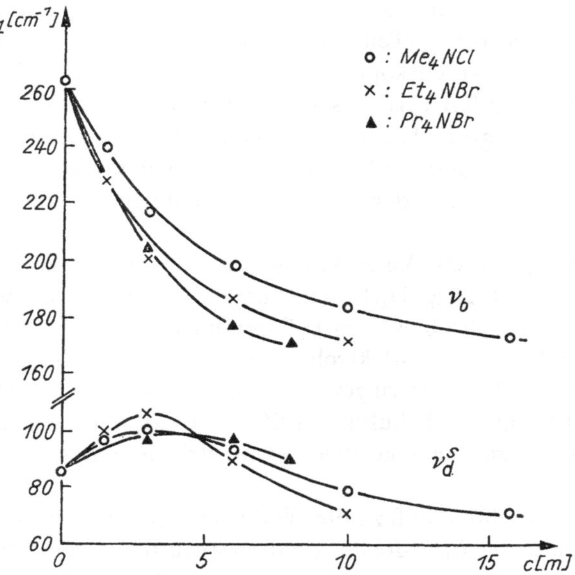

Abb. 20. Halbwertsbreiten der 2370 cm^{-1}- und 2500 cm^{-1}-Komponenten der OD-Valenzbande ($I_\perp$) in TAA-Salzlösungen (2-Banden-Fit)

den durch die elektrischen Felder der Ionen erniedrigten ν_w-Komponenten entsprechen. Dies wird erhärtet dadurch, daß diese Schultern genau wie die 2670 cm^{-1}-Teilbande im reinen D_2O auch in der anisotropen Ramanstreuung auftreten und hier wegen ihrer gegenüber der ν_b-Komponente höheren relativen Intensität sogar deutlicher zu erkennen sind als in den $I_\perp$-Spektren (vgl. das $I_\parallel$-Spektrum von 10 m Et_4NBr, Abb. 21).

Profilanalysen der OD-Bande in R_4NX-Lösungen unter Benutzung zweier GAUSS-

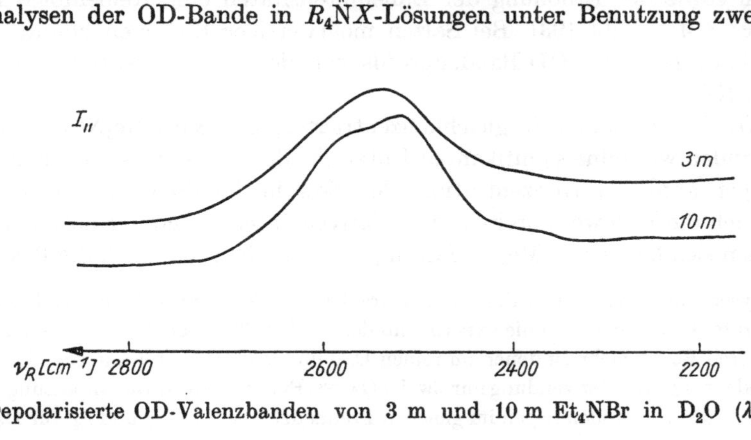

Abb. 21. Depolarisierte OD-Valenzbanden von 3 m und 10 m Et_4NBr in D_2O ($\lambda_0 = 5208$ Å)

Funktionen[1]) zeigen, daß die Halbwertsbreiten der Teilbande ν_b von unsymmetrisch H-brückengebundenen D_2O-Molekülen mit der Elektrolytkonzentration jeweils rasch abnehmen, während sich diejenigen der ν_d^s-Linie (symmetrisch H-brückengebundene Moleküle) weniger stark ändern (Abb. 20).

Die starke Verringerung der Streuintensität im niederfrequenten Bereich durch die TAA-Salze (Abb. 16 bis 18) wird verursacht sowohl durch die Abnahme der Breite der ν_b-Komponente als auch (zumindest für höhere Konzentrationen) durch eine Abnahme der relativen Intensität der ν_d^s-Teilbanden [32].

Eine Untersuchung der entkoppelten OD-Valenzbanden in D_2O—H_2O-Gemischen (vgl. Abschnitt 4.2.) bei TAA-Salzzusatz erwies sich nur für Me_4N^+-Salze als möglich, da der Fluoreszenzuntergrund bei den größeren R_4N^+-Ionen die sehr intensitätsschwache OD-Bande in diesen Lösungen überdeckt. Außerdem beeinträchtigen bei den TAA-Salzen die Ionenschwingungen der Kationen sowie deren Obertöne die Auswertung des Bandenprofils.

Abbildung 22 zeigt die OD-Valenzbande von 75% H_2O + 25% D_2O sowie von 6 m Me_4NCl in 75% H_2O + 25% D_2O. Der Vergleich bestätigt im wesentlichen die Ergebnisse, die wir für Me_4NCl in reinem D_2O gefunden haben. Auch in der isotopisch verdünnten Lösung erhöht dieser Elektrolyt die Frequenz des Peakmaximums (von 2509 auf 2524 cm^{-1} bei $c = 6$ m), verringert die Halbwertsbreite der Bande (um ca. 40 cm^{-1} bei $c = 6$ m) und bringt die Schulter bei 2670 cm^{-1} zum Verschwinden. Außerdem induziert der Me_4NCl-Zusatz eine gewisse Asymmetrie der entkoppelten OD-Valenzbande (Abb. 22).

Es ist jedoch zu beachten, daß zu den Veränderungen der OD-Valenzbande bei TAA-Salzzusatz nicht nur die R_4N^+-Ionen, sondern auch die jeweiligen Anionen beitragen. Auch bei den RAMAN-Messungen gibt es keine zuverlässige Methode zur Trennung der Einflüsse von Kation und Anion (für sehr hohe Konzentrationen wäre solch eine Trennung auch gar nicht sinnvoll). Als eine Möglichkeit, um wenigstens die Unterschiede der Strukturwirkungen verschiedener Ionen qualitativ zu erfassen, bietet sich der Vergleich der Spektren von Salzen mit gleichem Anion oder Kation an.

In Alkalihalogenidlösungen bewirkt ein Wechsel des Kations bei festem Anion keine wesentlichen Veränderungen der Valenzbanden des Wassers [93, 96]. Dagegen führt ein Wechsel des Anions zu sehr deutlichen Veränderungen, wobei sich sowohl hinsichtlich der Frequenzverschiebungen als auch anhand der Verringerung der Halbwertsbreiten sowie der Erhöhung der Linienintensitäten eine Reihenfolge $F^- < H_2O < Cl^- < Br^- < J^-$ ergibt [93]. Bei Salzen mehrwertiger Kationen konnte auch eine gewisse Abhängigkeit des OD-Bandenprofils von der Art des Kations nachgewiesen werden [96, 100].

Für die OD-Valenzbanden in gleichkonzentrierten ($c = 3$ m) Me_4NCl- und Me_4NBr-Lösungen fanden wir keine signifikanten Unterschiede, im Gegensatz etwa zu KCl- und KBr-Lösungen ähnlicher Konzentration [96]. Sowohl die Frequenzen des Peakmaximums als auch die Halbwertsbreiten und relativen Intensitäten der beiden Teilbanden unterscheiden sich bei beiden Me_4N^+-Salzen praktisch nicht; lediglich die Positionen der

[1]) Profilanalysen mit drei GAUSS-Funktionen ergeben für konzentrierte R_4NX-Lösungen zwar formal sehr gute Anpassungen an die experimentellen Profile [32], jedoch haben die resultierenden Banden keinerlei Bezug mehr zu denen im reinen D_2O und sind deshalb wahrscheinlich ohne physikalische Bedeutung. Bei Verwendung nur zweier GAUSS-Funktionen ist die Anpassung zwar etwas schlechter, aber die Teilbanden liegen im gleichen Frequenzbereich wie ν_b und ν_d^s für D_2O.

gefitteten Komponenten differieren um wenige cm^{-1}. Offenbar ist der Einfluß der Kationen in Me_4N^+-Salzlösungen stärker als in Alkalihalogenidlösungen, wodurch die Anioneneffekte ein wenig zurückgedrängt werden.

Interessante Aufschlüsse über die unterschiedlichen Struktureinflüsse von TAA- und Alkali-Ionen gibt auch ein Vergleich unserer OD-Valenzbanden in jeweils 6 molalen

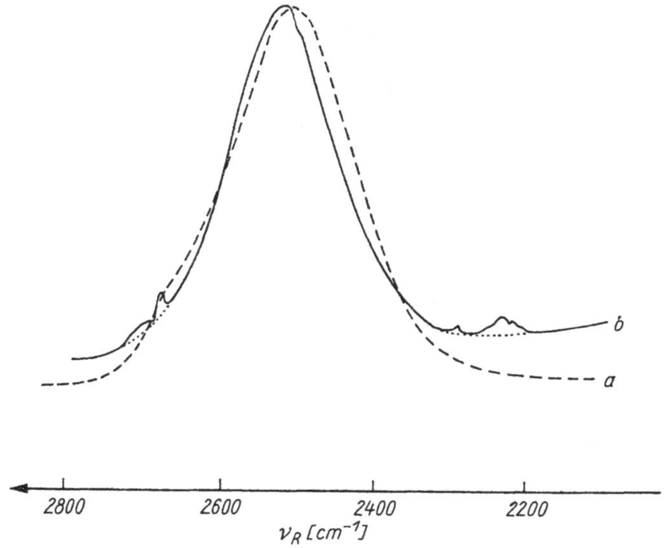

Abb. 22. OD-Valenzbanden ($I_\perp$) von 75% H_2O + 25% D_2O (*a*) und 6 m Me_4NCl in 75% H_2O + 25% D_2O (*b*)

λ_0 = 4880 Å; Spaltbreite: 11 cm^{-1} (die schwachen Peaks im Spektrum *b* gehören zu Ober- und Kombinationstönen der Ionenschwingungen des Me_4N^+)

Lösungen von Me_4NCl und NaCl (Abb. 23). Das Peakmaximum und auch der Schwerpunkt der Bande werden durch NaCl nach wesentlich höheren Wellenzahlen verschoben als durch Me_4NCl, ferner ist die Intensität der niederfrequenten Komponente viel stärker reduziert. Die durch das Cl^--Ion hervorgerufene Verschiebung der Valenzfrequenzen in Richtung höherer Wellenzahlen wird demnach durch Me_4N^+ in viel stärkerem Maße kompensiert als durch Na^+. Zur mikroskopischen Erklärung dieses Sachverhaltes bieten sich wieder zwei Möglichkeiten an. Einmal kann die mittlere Zahl von H-Brücken in der Umgebung der quarternären Ammoniumionen höher sein als in der Hydrathülle des Na^+; zum anderen könnte das Me_4N^+ die D_2O-Valenzfrequenzen durch elektrostatische Einflüsse stärker erniedrigen. Diese elektrostatische WW müßte dann aber wieder durch eine Parallelorientierung der Wasserdipole vermittelt werden, da die direkte Ion-Dipol-WW Me_4N^+—D_2O schwächer ist als diejenige von Na^+ mit D_2O.

Die in diesem Abschnitt beschriebenen Raman-Untersuchungen der Valenzschwingungen des Wassers zeigen deutlich, daß es nicht gerechtfertigt ist, den Struktureinfluß von Ionen oder Salzen mit den Begriffen „strukturbrechend" oder „strukturbildend" derart zu beschreiben, daß man einfach die Veränderung irgendeiner Meßgröße bei Elektrolytzusatz mit dem Verhalten derselben Größe bei Temperaturänderung im reinen Wasser vergleicht.

Angewendet auf die Valenzbanden des Wassers bei TAA-Salzzusatz ergibt ein solches Vorgehen nämlich bezüglich der Frequenzen der Peakmaxima und der Intensität der niederfrequenten Komponente Änderungen in derselben Richtung wie bei Temperaturerhöhung im reinen Lösungsmittel, während sich andere Meßparameter unter dem Einfluß der Ionen in ähnlicher Weise ändern wie bei Abkühlung des Wassers (Ver-

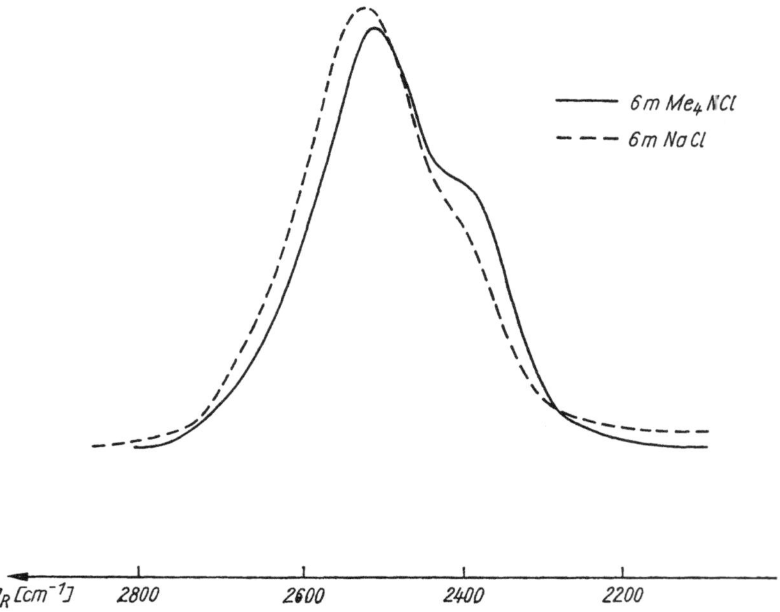

Abb. 23. OD-Valenzbanden ($I_\perp$) von 6 m NaCl und 6 m Me_4NCl in D_2O ($\lambda_0 = 4762$ Å)

ringerung der Halbwertsbreiten, Abnahme der Intensität der Schulter bei 2670 cm^{-1}, Erhöhung des Depolarisationsgrades).

Der Einfluß der TAA-Salze auf die Wasserstruktur ist also keinesfalls einer Temperaturänderung äquivalent. Demnach kann man dem bei NIR-Messungen [11, 12, 105] häufig benutzten Konzept von einer „structural temperature" des Wassers in R_4NX-Lösungen keine allzugroße Bedeutung beimessen.

4.4. Schwingungsspektren der TAA-Ionen

Falls eine Elektrolytlösung mehratomige Ionen enthält, treten neben den Wasserbanden im RAMAN-Spektrum auch die Schwingungslinien dieser Ionen auf. Am Beispiel einiger einfacher Anionen (vor allem NO_3^-, aber auch ClO_4^-, ClO_3^- und SO_4^{2-} [106, 107]) wurde gezeigt, daß durch Untersuchung ihrer Schwingungen Aussagen über die in den Lösungen auftretenden Ionenassoziationen erhalten werden können. Im folgenden soll geprüft werden, inwieweit auch aus den Schwingungsspektren der von ihrer Struktur her wesentlich komplizierteren R_4N^+-Ionen ähnliche Informationen ableitbar sind.

4.4.1. Me_4N^+-Ion

Das Schwingungsspektrum dieses Ions ist schon in früheren Arbeiten sowohl in Lösung [108, 110—112] als auch im kristallinen Zustand [109—112] untersucht worden. Die Spektreninterpretation erfolgte dabei oft recht einseitig und nach unserer Meinung zum Teil nicht korrekt; im folgenden soll daher die Linienzuordnung auf der Grundlage von Raman- und IR-Messungen diskutiert und vor allem die Konzentrationsabhängigkeit der Raman-Spektren untersucht werden.

Das Me_4N^+-Ion besitzt Tetraeder-Symmetrie; die zugehörige Punktgruppe T_d hat die irreduziblen Darstellungen A_1, A_2 (eindimensional), E (zweidimensional), F_1 und F_2 (dreidimensional). Die Normalkoordinaten des Ions transformieren sich bei Anwendung der Symmetrieoperationen jeweils wie die Matrizen einer dieser irreduziblen Darstellungen. Durch Zerlegung der reduziblen Darstellung der Gesamtschwingungsbewegung $\Gamma^{(v)}$ nach den irreduziblen Darstellungen der Gruppe T_d erhält man die Anzahl der auf jede irreduzible Darstellung entfallenden Normalschwingungen;

$$\chi_v(R) = 3\chi_{A_1}(R) + \chi_{A_2}(R) + 4\chi_E(R) + 4\chi_{F_1}(R) + 7\chi_{F_2}(R) \qquad \text{für alle } R \in T_d$$

Die χ_i sind dabei die Charaktere der Darstellungen Γ^i. Die Moden des Typs E sind zweifach, die der Typen F_1 und F_2 jeweils dreifach entartet.

Aus gruppentheoretischen Überlegungen ergeben sich auch die Auswahlregeln für das Auftreten der einzelnen Schwingungen in der Raman-Streuung und in der IR-Absorption. Ein durch einen Operator f_λ bewirkter Übergang zwischen zwei Schwingungszuständen ψ_k und ψ_n ist nur dann erlaubt, wenn das Matrixelement

$$(f_\lambda)_{kn} = \int \psi_n^*(x)\, f_\lambda \psi_k(x)\, dx$$

ungleich Null ist, d. h. der Integrand muß invariant gegenüber allen Symmetrieoperationen des Moleküls sein, die Zerlegung des direkten Produktes der zugehörigen Darstellungen $\Gamma^n \times \Gamma^\lambda \times \Gamma^k$ nach irreduziblen Darstellungen der Gruppe T_d also die totalsymmetrische Darstellung A_1 enthalten.

Bei normalen Temperaturen und nicht zu niedrigen Schwingungsfrequenzen ist ψ_k immer der totalsymmetrische Schwingungsgrundzustand ($\Gamma^k = A_1$). Man kann dann zeigen [81], daß ein Übergang in den angeregten Zustand ψ_n genau dann erlaubt ist, wenn die Darstellung Γ^λ des Operators f_λ die zu ψ_n gehörige irreduzible Darstellung Γ^n enthält. Die Spur und die Anisotropie des Streutensors sowie das Dipolmoment μ enthalten entsprechend ihrer Transformationseigenschaften bei den Symmetrieoperationen folgende irreduzible Darstellungen der Gruppe T_d [81]:

$$\Gamma^\alpha = A_1, \quad \Gamma^\gamma = E + F_2, \quad \Gamma^\mu = F_2$$

In der isotropen Raman-Streuung sind daher nur die drei Normalschwingungen mit A_1-Symmetrie erlaubt, in der anisotropen Streuung dagegen nur diejenigen der Typen E und F_2. Damit ist der Polarisationszustand aller im Raman-Spektrum des Me_4N^+-Ions auftretenden Linien allein durch seine Symmetrie schon festgelegt: $\varrho(A_1) = 0$, $\varrho(E) = \varrho(F_2) = 6/7$.

Infolge der Transformationseigenschaften des Dipolmoments sind in der IR-Absorption nur die sieben F_2-Schwingungen erlaubt. Die A_2- und F_1-Schwingungen können dagegen weder im Raman- noch im IR-Spektrum beobachtet werden.

Aus dem Polarisationszustand der gemessenen RAMAN-Linien sowie ihrer Aktivität im IR-Spektrum kann man daher auf die Symmetrie der zugehörigen Normalschwingungen schließen. Die nähere Charakterisierung der Schwingungen einundderselben Symmetrieklasse wird durch die Kenntnis der Symmetriekoordinaten des Moleküls sehr erleichtert, da die Matrizen der kinematischen Koeffizienten G und der Kraftkonstanten F in diesen Koordinaten Quasidiagonalstruktur besitzen. Bei der Transformation zu Normalkoordinaten werden die Symmetriekoordinaten oft nur wenig gemischt, so daß jeder Normalschwingung meist näherungsweise eine Symmetriekoordinate zugeordnet werden kann. Aus den Erfahrungen mit Molekülen ähnlicher Struktur (im Falle des Me_4N^+-Ions wären dies z. B. $(CH_3)_4C$, $(CH_3)_4Si$, $(CH_3)_4Ge$) weiß man in der Regel, in welchem Frequenzbereich eine mit einem bestimmten Koordinatentyp verknüpfte Schwingung zu erwarten ist und kann so genaue Zuordnungen der beobachteten Schwingungslinien oft mit großer Sicherheit vornehmen.

Die Analyse der berechneten Symmetriekoordinaten zeigt, daß zu den einzelnen Symmetrieklassen folgende Schwingungen gehören[1])

A_1-Symmetrie:	ν_1:	symm. NC-Valenz
	ν_2:	symm. NCH-Deformation
	ν_3:	symm. CH-Valenz
A_2-Symmetrie:	ν_4:	Torsion
E-Symmetrie:	ν_5:	CNC-Deformation
	ν_6:	CH_3 rocking
	ν_7:	asymm. NCH-Deformation
	ν_8:	asymm. CH-Valenz
F_1-Symmetrie:	ν_9:	Torsion
	ν_{10}:	CH_3 rocking
	ν_{11}:	asymm. NCH-Deformation
	ν_{12}:	asymm. CH-Valenz
F_2-Symmetrie:	ν_{13}:	CNC-Deformation
	ν_{14}:	asymm. NC-Valenz
	ν_{15}:	CH_3 rocking
	ν_{16}:	asymm. NCH-Deformation
	ν_{17}:	asymm. NCH-Deformation
	ν_{18}:	asymm. CH-Valenz
	ν_{19}:	asymm. CH-Valenz

Unsere IR-Spektren von wäßrigen Me_4NBr-Lösungen zeigen im CH-Valenzbereich zwei scharfe Linien bei 3032 und 2960 cm^{-1}; da die CH-Valenzmoden der Symmetrierassen A_1, E und F_1 nicht IR-aktiv sind, müssen wir diese Frequenzen mit $\nu_{18}(F_2)$ und $\nu_{19}(F_2)$ identifizieren.

Die erstere davon ist auch im RAMAN-Spektrum bei 3035 cm^{-1} mit dem zu erwartenden Depolarisationsgrad $\varrho \approx 6/7$ zu finden (Tab. 9), die zweite dagegen nicht (die benachbarte RAMAN-Linie bei 2965 cm^{-1} ist polarisiert und kann daher nicht zu einem F_2-Niveau gehören!). Unsere Zuordnung widerspricht der von ANHOUSE und TOBIN [110] (diese Autoren nehmen an, daß ν_{18} und ν_{19} bei ca. 3030 cm^{-1} zusammenfallen), wird aber dadurch gestützt, daß für $(CH_3)_4Si$, $(CH_3)_4Ge$ und $(CH_3)_4Sn$ die beiden F_2-Valenzfrequenzen ebenfalls 50 bis 70 cm^{-1} auseinanderliegen [113].

[1]) Die Symmetriekoordinaten selbst, d. h. deren Zusammhang mit Bindungslängen und -winkeln, sind in ihrer Gesamtheit in [32] zu finden.

Dagegen unterscheidet sich die Frequenz $\nu_8(E)$ bei diesen Tetramethylverbindungen nur um 1 bis 4 cm^{-1} von der oberen F_2-Frequenz [113]. Beim Me_4N^+-Ion finden wir zwar in der Lösung infolge der großen Linienbreiten keine entsprechende Aufspaltung der 3035 cm^{-1}-Linie, sondern nur eine Verbreiterung; in den RAMAN-Spektren der Kristallpulver zeigt sich aber bei den Halogeniden eine Dublettaufspaltung von 4 bis 7 cm^{-1} [114]. Es kann daher als sicher angenommen werden, daß $\nu_8(E)$ und $\nu_{19}(F_2)$ in der Lösung praktisch zusammenfallen.

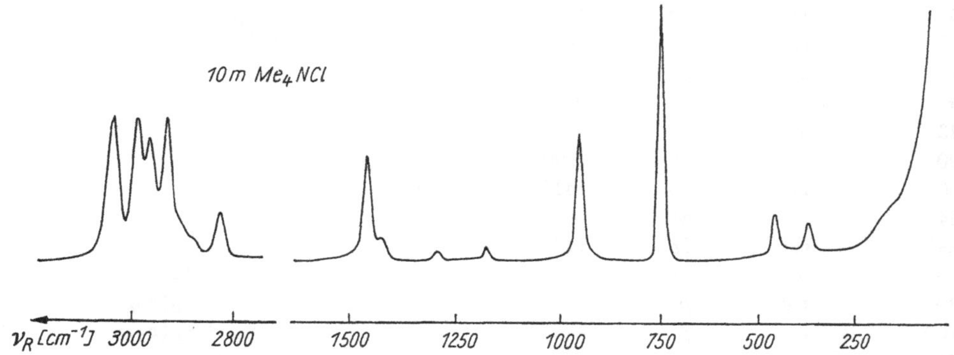

Abb. 24. RAMAN-Spektrum des Me_4N^+-Ions ($I_\perp$) in einer 10 m Me_4NCl-Lösung
$\lambda_0 = 4880$ Å; Spaltbreite: ca. 4 cm^{-1}; Verstärkung im CH-Valenzbereich etwas höher als im übrigen Spektrum

In früheren Arbeiten [110, 112] werden den Schwingungen $\nu_7(E)$ und $\nu_{17}(F_2)$ die RAMAN-Linie bei 1454 cm^{-1} und der $\nu_{16}(F_2)$-Mode die Linie bei 1420 cm^{-1} zugeordnet. Unsere IR-Spektren zeigen jedoch keine Absorption bei 1460 cm^{-1}, sondern zwei scharfe Linien bei 1415 cm^{-1} (mittlere Intensität) und 1485 cm^{-1} (sehr intensiv). Auch andere Autoren berichten über ähnliche IR-Linien für das Me_4N^+-Ion im gelösten (1418 und 1500 cm^{-1} [111]) sowie im kristallinen (1405 und 1490 cm^{-1} [109]) Zustand, so daß wir den F_2-Schwingungen die Linien 1420 cm^{-1} (ν_{16}) und 1488 cm^{-1} (ν_{17}) zuordnen sowie der $\nu_7(E)$-Mode die intensive 1454 cm^{-1}-Linie.

$\nu_{17}(F_2)$ ist in der Lösung nur sehr schwach RAMAN-aktiv; wir fanden lediglich bei sehr hohen Konzentrationen eine schwache Linie bei (1488 $\pm$ 5) cm^{-1} (VON DER OHE [112] gibt eine schwache Schulter bei 1486 cm^{-1} an, deutet diese aber als Kombinationston). Dagegen zeigt sich im RAMAN-Spektrum von polykristallinem Me_4NCl neben den Linien bei 1403 und 1456 cm^{-1} ein intensives Dublett bei 1477 und 1483 cm^{-1} [114]. Für unsere Zuordnung spricht außerdem, daß beim Tetramethylmethan die Frequenz der CCH-Deformationsschwingung des Typs F_2 mit 1475 cm^{-1} ebenfalls deutlich höher liegt als die der Symmetrierasse E (1451 cm^{-1}) [115].

Den verbleibenden drei F_2-Schwingungen ordnen wir von den übrigen Linien mit $\varrho \approx 6/7$ diejenigen bei 1290 cm^{-1} (ν_{15}), 949 cm^{-1} (ν_{14}) und 455 cm^{-1} (ν_{13}) zu, da diese auch im IR-Spektrum beobachtet werden (Tab. 9).

Die restlichen Normalschwingungen des Typs E können wir leicht mit den Linien bei 367 cm^{-1} (ν_5) und 1173 cm^{-1} (ν_6) identifizieren, da beide depolarisiert und nicht IR-aktiv sind. Kein Zweifel besteht auch an der Zuordnung der 748 cm^{-1}-Linie zur symmetrischen NC-Valenzschwingung, da dies die einzige polarisierte Linie unterhalb 1000 cm^{-1} ist.

Tabelle 9
Schwingungsfrequenzen des Me_4N^+-Ions

RAMAN-Spektrum¹)			IR-Absorption²)		Zuordnung
ν_R[cm⁻¹]³)	Int.⁴)	Pol.	ν[cm⁻¹]⁵)	Int.⁴)	
300ˣ	*vw*	*dp*	—		Torsion?
367	*m*	*dp*	—		$\nu_5(E)$
455	*m*	*dp*	455⁶)	*w*	$\nu_{13}(F_2)$
730ˣ	*w*	*p*	—		$2\nu_5(E)$
748	*vs*	*p*	—		$\nu_1(A_1)$
949	*s*	*dp*	950	*vs*	$\nu_{14}(F_2)$
1173	*w*	*dp*	—		$\nu_6(E)$
1290	*w*	*dp*	1290	*w*	$\nu_{15}(F_2)$
1420	*m*	*dp*	1415	*m*	$\nu_{16}(F_2)$
1454	*s*	*dp*	—		$\nu_7(E)$
1488ˣ	*vw*	*dp*	1485	*vs*	$\nu_{17}(F_2)$
1535ˣ	*vw*	*dp*	—		$\nu_5(E) + \nu_6(E)$
2230	*vw*	*p*	—		$\nu_{14}(F_2) + \nu_{15}(F_2)$
2710ˣ	*vw*	*p*	—		$\nu_{15}(F_2) + \nu_{16}(F_2)$
2824	*m*	*p*	—		$2\nu_{16}(F_2)$
2877ˣ	*w*	*p*	—		$\nu_{13}(F_2) + \nu_{14}(F_2) + \nu_{17}(F_2)$
2903ˣ	*vw*	*p*	—		$\nu_{16}(F_2) + \nu_{17}(F_2)$
2929	*s*	*p*	—		$2\nu_7(E)$
—			2960	*m*	$\nu_{18}(F_2)$
2962	*m*	*p*	—		$2\nu_{17}(F_2)$
2987	*s*	*p*	—		$\nu_3(A_1)$
3033	*s*	*dp*	3032	*s*	$\nu_8(E)$; $\nu_{19}(F_2)$

¹) in 10 m Me_4NCl-Lösung
²) in 4 m Me_4NBr-Lösung
³) max. Fehler $\pm$ 2 cm⁻¹ (bei Linien mit ˣ: $\pm$ 10 cm⁻¹)
⁴) *vw* — sehr schwach; *w* — schwach; *m* — mittel; *s* — stark; *vs* — sehr stark
⁵) Frequenzgenauigkeit: $\pm$ 10 cm⁻¹
⁶) Ref. [121] (kristallines Me_4NBr)

Nicht so klar sind die Verhältnisse dagegen bei den beiden anderen A_1-Schwingungen. Wir finden in unseren Spektren keine polarisierte Linie unterhalb 1500 cm⁻¹, die der symmetrischen NCH-Deformationsschwingung ν_2 entsprechen könnte. In [110] und [112] wird eine schwache Linie bei 1049 cm⁻¹ bzw. 1068 cm⁻¹ angegeben und ν_2 zugeordnet. Uns erscheint jedoch diese Frequenz für die NCH-Deformation als zu niedrig, zumal für $(CH_3)_4Si$ $\nu_2 \approx 1270$ cm⁻¹ gefunden wurde [113, 115] und beim Ersetzen des Si durch N die Frequenzen anderer Schwingungen erwartungsgemäß ansteigen. Für Tetramethylmethan wurde $\nu_2(A_1)$ ebenfalls nicht beobachtet [113, 115], während für das volldeuterierte Molekül $(CD_3)_4C$ $\nu_2 = 1104$ cm⁻¹ gefunden wurde [116]. Beim $(CH_3)_4C$ und auch beim $(CH_3)_4N^+$ müßte diese Frequenz entsprechend höher liegen.

Im CH-Valenzbereich wäre für das Me_4N^+-Ion eine starke, polarisierte Linie von $\nu_3(A_1)$ zu erwarten. Tatsächlich weist aber das Spektrum zwischen 2800 und 3000 cm⁻¹ vier Linien vergleichbarer Intensität auf, die alle total polarisiert sind (Abb. 24).

Eine Erklärung dafür bietet die FERMI-Resonanz. Von den vier polarisierten CH-

Linien entspricht eine der Grundschwingung $\nu_3(A_1)$, während die restlichen drei zu Ober- und Kombinationsschwingungen gehören. Die anharmonischen Potentialglieder verursachen eine Kopplung dieser Niveaus, in deren Ergebnis Streuintensität vom Grundton auf die Übergänge 2. Ordnung transferiert wird. Aus der Konzentrationsabhängigkeit der Spektren schließen wir, daß $\nu_3(A_1)$ zur 2990 cm^{-1}-Linie gehört. Eine mögliche Zuordnung der übrigen drei Linien zu Ober- bzw. Kombinationstönen ist aus Tab. 9 zu entnehmen. Die Ausreduzierung der zu diesen Niveaus gehörigen Darstellungen zeigt[1]), daß alle angegebenen Ober- und Kombinationsschwingungen sowohl in der isotropen als auch in der anisotropen RAMAN-Streuung erlaubt sind. Daß dennoch alle Linien polarisiert sind ($\varrho \approx 0$), liegt daran, daß die Regel, nach welcher die Summe der Intensitäten der gekoppelten Linien gleich der Summe der Intensitäten bei fehlender Kopplung ist, nicht nur für die RAMAN-Streuung insgesamt, sondern auch jeweils für skalare und anisotrope Streuung einzeln gilt (die Obertonintensitäten sind bei fehlender Kopplung gegenüber der des Grundtons vernachlässigbar), so daß die Depolarisationsgrade aller FERMI-Resonanz-Komponenten gleich dem des ungekoppelten Grundtons werden [81].

In wäßrigen Me_4NCl-Lösungen fanden wir eine deutliche Konzentrationsabhängigkeit der Intensität der CH-Valenzschwingungen (Abb. 25). In verdünnten Lösungen ist die Linie bei 2990 cm^{-1} eindeutig die stärkste unter den vier polarisierten Komponenten. Mit wachsender Konzentration nimmt ihre relative Intensität (bezogen auf die $\nu_{19}(F_2)$-Linie bei 3035 cm^{-1}) stark ab, während die der 2930 cm^{-1}- und insbesondere der 2965 cm^{-1}-Linien ansteigen.

Die Ursache für diese Veränderungen dürften die bei höheren Konzentrationen auftretenden Ionenassoziationen sein. Die elektrischen Felder anderer Ionen erzeugen im Potential der schwingenden CH_3-Protonen eines assoziierten Me_4N^+-Ions zusätzliche unsymmetrische Beiträge und vergrößern damit die Anharmonizität der CH-Valenzschwingungen. Mit zunehmender Stärke der anharmonischen Potentialglieder vergrößert sich aber bei FERMI-Resonanz der Anteil der Streuintensität, der auf die Obertöne entfällt, während die Intensität der Grundschwingung abnimmt [81].

Es ist vor allem diese Intensitätsabnahme bei Konzentrationserhöhung, die uns zu der Zuordnung $\nu_3(A_1) = 2988$ cm^{-1} veranlaßt (gestützt wird dies auch dadurch, daß bei $(CH_3)_4C$ und $(CH_3)_4Si$ der Abstand zwischen $\nu_3(A_1)$ und $\nu_{19}(F_2)$ ebenfalls etwa 40 bis 50 cm^{-1} beträgt [113, 115]).

Von den CH-Valenzfrequenzen zeigt nur die bei 3035 cm^{-1} eine deutliche Konzentrationsabhängigkeit, welche ebenfalls durch eine infolge von Ionenassoziationen erhöhte Anharmonizität der Schwingung verursacht werden könnte. Für die polarisierten FERMI-Resonanz-Komponenten ist die Frequenzabnahme wesentlich geringer.

Bei allen Linien unterhalb 1500 cm^{-1} sind die Frequenzänderungen über den gesamten Konzentrationsbereich geringer als ± 3 cm^{-1}. Dies bestätigt unsere aus dem Auftreten von $^{14}N-CH_3$-Kopplungen in den NMR-Spektren (Abschn. 3.4.1.) abgeleitete Schlußfolgerung, daß Assoziationen oder WW mit Solvensmolekülen keine signifikanten Änderungen der Elektronenverteilung im Zentrum des Me_4N^+-Ions verursachen.

[1]) Zum Kombinationston $\nu_{16}(F_2) + \nu_{17}(F_2)$ gehört zum Beispiel die Darstellung $F_2 \times F_2 = A_1 + E + F_1 + F_2$ [81], die gemeinsame irreduzible Bestandteile sowohl mit den Darstellungen der Spur (A_1) als auch der Anisotropie $(E + F_2)$ des Streutensors hat.

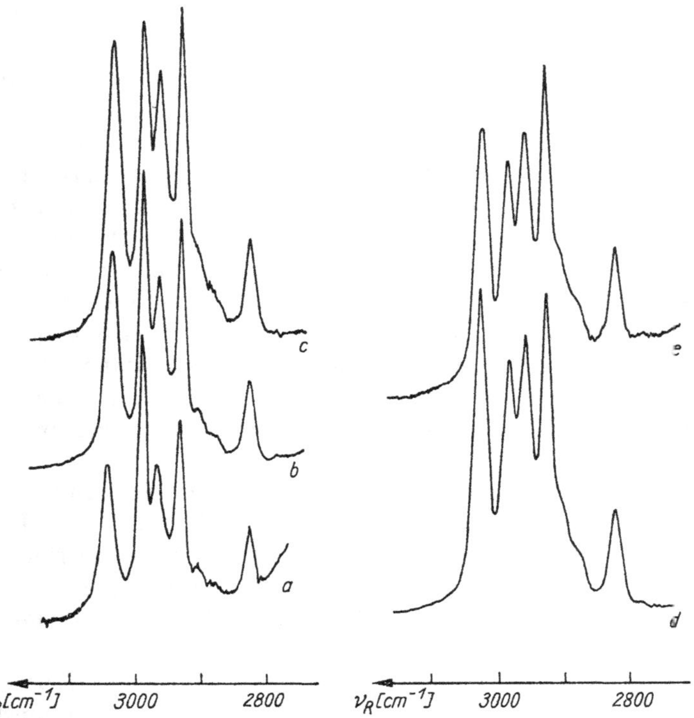

Abb. 25. Konzentrationsabhängigkeit des CH-Valenzschwingungsprofils ($I_\perp$) in wäßrigen Me_4NCl-Lösungen (a - d : 0,3 m; 5 m; 10 m; 18 m in D_2O) sowie für 5 m Me_4NCl in CD_3OH (e)

λ_0 = 4880 Å; Spaltbreite: 5 ··· 9 cm

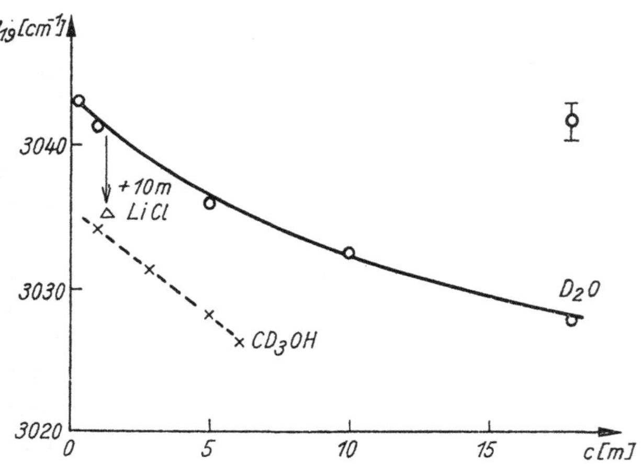

Abb. 26. Konzentrationsabhängigkeit der CH-Valenzfrequenz ν_{19} (F_2) des Me_4N^+-Ions für Me_4NCl in D_2O (o) und in Methanol (x) sowie für 1,25 m Me_4NCl + 10 m LiCl in D_2O (▲)

Aufspaltungen der Linien entarteter Schwingungen, wie sie zum Beispiel in verschiedenen Nitratlösungen beobachtet wurden [106, 107], sind beim Me_4N^+ nicht nachweisbar.

Eine ausgeprägte Konzentrationsabhängigkeit fanden wir für das Intensitätsverhältnis der beiden Deformationsschwingungen ν_5 (367 cm^{-1}) und ν_{13} (455 cm^{-1}) des NC_4-Gerüstes (Abb. 27). Um sicherzustellen, daß die Änderungen dieses Verhältnisses ebenso wie die Effekte im CH-Valenzbereich auf Kation-Anion-Assoziationen zurückzuführen sind,

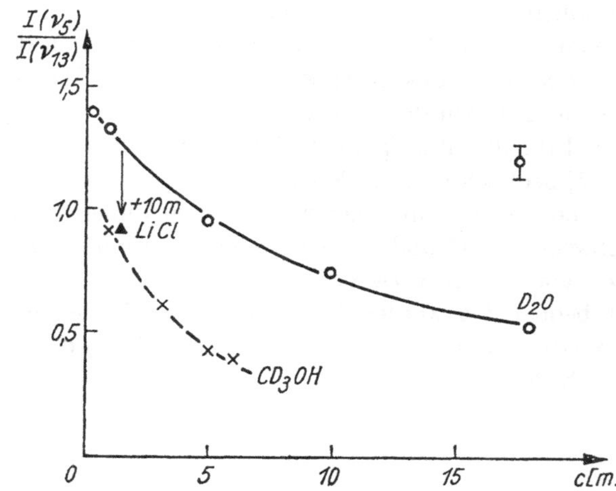

Abb. 27. Konzentrationsabhängigkeit des Intensitätsverhältnisses $\frac{I(\nu_5)}{I(\nu_{13})}$ für Me_4NCl in Wasser (o), Me_4NCl in Methanol (x) sowie für 1,25 m Me_4NCl + 10 m LiCl in D_2O (▲)

haben wir einer verdünnten Lösung von Me_4NCl ($c = 1{,}25$ m) überschüssige Cl^--Ionen in Form einer hohen LiCl-Konzentration (10 m) zugesetzt. Diese LiCl-Zugabe bewirkt genau wie die Konzentrationserhöhung in der „reinen“ Me_4NCl-Lösung eine Frequenzerniedrigung der CH-Valenzschwingung $\nu_{19}(F_2)$ (von 3041 auf 3035 cm^{-1}; Abb. 26), eine Abnahme der Intensität der 2989 cm^{-1}-Linie zugunsten der Intensitäten der übrigen FERMI-Resonanz-Komponenten sowie eine Abnahme des Intensitätsverhältnisses $\frac{I(\nu_5)}{I(\nu_{13})}$ (Abb. 27). Eine genauere Analyse dieser drei Erscheinungen zeigt, daß der Assoziationsgrad der Me_4N^+-Ionen im ternären System 1,25 m Me_4NCl—10 m LiCl-Wasser etwa mit dem in einer 5 m wäßrigen Me_4NCl-Lösung vergleichbar sein muß.

Noch stärkere Kation-Anion-Assoziationen sollten in Lösungen von Me_4N^+-Salzen in organischen Lösungsmitteln auftreten. Unsere RAMAN-Messungen an Me_4NCl-Lösungen in Methanol (DK = 32,6) bestätigen dies nachdrücklich. Die Frequenz $\nu_{19}(F_2)$ ist in diesem Lösungsmittel viel stärker erniedrigt als in wäßriger Lösung ($\nu_{19} = 3028$ cm^{-1} für 5 m Me_4NCl in CD_3OH), die Grundschwingung $\nu_3(A_1)$ ist viel stärker intensitätsgeschwächt (Abb. 25) und schließlich ist das Intensitätsverhältnis $\frac{I(\nu_5)}{I(\nu_{13})}$ deutlich niedriger (Abb. 27).

Unsere Untersuchungen zeigen somit, daß aus dem RAMAN-Spektrum des Me_4N^+-Ions in den entsprechenden Elektrolytlösungen Informationen über seinen Assoziationszustand gewonnen werden können.

4.4.2. Größere TAA-Ionen

Die größeren R_4N^+-Ionen haben sehr viele Schwingungsfreiheitsgrade (Et_4N^+ z. B. schon 81); außerdem ist ihre Geometrie nicht genau bekannt. Mit Sicherheit besitzen sie infolge der Zickzackstruktur der Alkylgruppen nicht mehr die volle Tetraedersymmetrie. Es ist uns daher nicht möglich, eine gründliche Analyse ihrer Schwingungsspektren in ähnlicher Weise wie beim Me_4N^+ durchzuführen. Im folgenden können deshalb nur die Frequenzen, Intensitäten und Polarisationszustände der beobachteten RAMAN-Linien sowie die IR-Absorptionsfrequenzen[1]) angegeben werden.

Die einzige uns bekannte Arbeit über die Schwingungsspektren der größeren TAA-Ionen ist die von SYRKIN und WOLKENSTEIN [117], in der das RAMAN-Spektrum einer Et_4NJ-Lösung aufgenommen wurde. Die von diesen Autoren angegebenen Linien sind zum Vergleich in Tab. 10 mit aufgeführt. Mit Ausnahme derjenigen bei 1231 cm^{-1} fanden wir alle in [117] beobachteten Et_4N^+-Linien auch in unseren Spektren; darüber hinaus erhielten wir eine Anzahl schwächerer Linien und Linienaufspaltungen, die von SYRKIN und WOLKENSTEIN auf Grund der geringeren Empfindlichkeit und der schlechteren Auflösung der von ihnen verwendeten Apparatur (fotografische Aufnahmetechnik) noch nicht beobachtet werden konnten. In der Nähe der meisten RAMAN-Frequenzen des Et_4N^+-Ions konnten wir auch im IR-Spektrum entsprechende Absorptionen beobachten (Tab. 10).

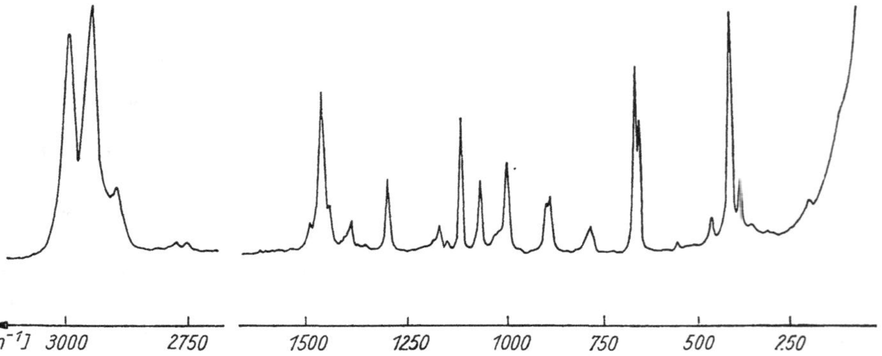

Abb. 28. RAMAN-Spektrum des Et_4N^+-Ions in einer 10 m Et_4NBr-D_2O-Lösung

$\lambda_0 = 4880$ Å; Spaltbreite: ca. 2 cm^{-1}

Bei den Linien im Bereich $\nu < 900\ cm^{-1}$ handelt es sich sicher um Deformations- bzw. Valenzschwingungen des N—C-Gerüstes, im Bereich 1000 bis 1500 cm^{-1} um verschiedene Deformations- bzw. rocking-Moden der CH_2 und CH_3-Gruppen, während die Linien oberhalb 2800 cm^{-1} den CH-Valenzschwingungen zuzuordnen sind (die schwachen Banden bei 2750 und 2775 cm^{-1} gehören wahrscheinlich zu Obertönen).

Daß das Et_4N^+-Ion keine exakte T_d-Symmetrie besitzt, wird auch dadurch bewiesen, daß (im Gegensatz zum Me_4N^+-Ion, Tab. 9) neben völlig polarisierten und depolarisierten Linien auch solche mit mittleren Depolarisationsgraden ($\varrho \approx 0{,}2 \cdots 0{,}3$) auftreten (in Tab. 10 durch *pp* gekennzeichnet).

[1]) Die Absorptionen von einigen niederfrequenten Gerüstschwingungen waren uns hier nicht zugänglich, da der Arbeitsbereich des verwendeten BECKMAN-IR9-Spektrometers erst bei 625 cm^{-1} beginnt.

Eine deutliche Konzentrationsabhängigkeit zeigt sich in Et_4NBr-Lösungen ebenfalls nur im Bereich der CH-Valenzschwingungen, wo die Frequenzen der 2950- und 2992 cm^{-1}-Linien im Bereich $c = 1{,}5 \cdots 10$ m jeweils um ca. 6 cm^{-1} abnehmen. Ähnlich wie beim Me_4N^+-Ion dürfte dafür die Vergrößerung der anharmonischen Potentialbeiträge infolge von Ionenassoziationen verantwortlich sein.

Beim Vergleich der Raman-Spektren einer 1 molalen Et_4NJ-Lösung mit dem einer Et_4NBr-Lösung ähnlicher Konzentration fanden wir erwartungsgemäß keinerlei Unterschiede.

Die Schwingungsfrequenzen des Pr_4N^+- und des Bu_4N^+-Ions sind in Tab. 11 zusammengestellt. Dabei ist zu beachten, daß infolge der von diesen Kationen verursachten Fluoreszenzen die Frequenzgenauigkeit der meisten Linien nicht besser als ± 5 cm^{-1} ist und dadurch eventuell vorhandene geringe Konzentrationsabhängigkeiten der Schwingungsfrequenzen auch nicht nachgewiesen werden konnten. Viele der beobachteten Linien sind asymmetrisch; es ist wahrscheinlich, daß deren Profile durch Überlagerung von mehreren Normalschwingungen zustande kommen.

Auffallend ist, daß sich die Spektren des Pr_4N^+- und des Bu_4N^+-Ions im CH-Valenzbereich sowohl hinsichtlich der Linienformen als auch der Frequenzen sehr ähneln [32].

Auch im Bereich 1000 bis 1500 cm^{-1} sind viele Schwingungen der beiden Ionen dicht benachbart, insbesondere wird zwischen 1450 und 1460 cm^{-1}, wie übrigens auch bei Me_4N^+ und Et_4N^+, eine intensive depolarisierte Linie beobachtet, die von den asymmetrischen CH_3-Deformationsschwingungen herrührt.

4.4.3. Zur Möglichkeit der H-Brückenbildung zwischen den Alkylgruppen der R_4N^+-Ionen und H_2O-Molekülen

Port und Pullman [29] schließen aus quantenchemischen Rechnungen, daß sich zwischen Me_4N^+ sowie Et_4N^+ und H_2O-Molekülen extrem starke Brücken C—H ... O—H mit Energien zwischen 6 und 10 kcal · Mol^{-1} ausbilden sollten (vgl. Abschn. 2.2.). Eine Analyse unserer spektroskopischen Messungen erbringt jedoch keinerlei Hinweise für die tatsächliche Existenz solcher H-Brücken in der Lösung:

a) Sowohl für Me_4N^+- als auch Et_4N^+-Salzlösungen erhalten wir im CH-Valenzbereich scharfe, gut aufgelöste Schwingungslinien (Abb. 25, 28). Das Vorhandensein von H-Brücken der genannten Stärke sollte sich jedoch in sehr breiten Valenzbanden manifestieren [103]. (Für kristallines Me_4NF wurde auch eine mehrere Hundert cm^{-1} breite IR-Bande beobachtet [111]; offenbar bilden sich hier Brücken C—H ... F^- aus.)

b) Die Frequenzen der CH-Valenzschwingungen liegen für Me_4N^+-Ionen in wäßriger Lösung nicht niedriger als im kristallinen Zustand. Bei starker H-Brückenbildung wäre aber mit einer starken Frequenzabnahme zu rechnen. Ferner sollten in diesem Falle die Frequenzen der CH_3-Deformationsschwingungen deutlich höher liegen als im Kristall, was ebenfalls nicht beobachtet wird (Tab. 9, 10, [109, 114]).

c) Auch die Temperaturabhängigkeit des Kernresonanzparameters $\Delta\delta = \delta^{(1)}_{CH_3} - \delta_{CH_3}$ spricht gegen eine H-Brückenbildung zwischen H_2O-Molekülen und CH_3-Gruppen der Alkylreste. Die thermische Bewegung sollte solche H-Brücken mit steigender Temperatur nämlich zunehmend aufbrechen, die CH_3-Resonanz sich also nach höherem Feld verschieben und damit $\Delta\delta$ zunehmen. Wir haben aber das genaue Gegenteil, nämlich einen negativen Temperaturkoeffizienten von $\Delta\delta$, gemessen

Tabelle 10
Schwingungsfrequenzen des Et_4N^+-Ions

RAMAN-Spektrum[1])				IR-Absorption[2])	
ν_R[cm^{-1}]	Int.	Pol.[3])	ν_R nach [117]	ν[cm^{-1}]	Int.
200	*w*	*pp*	—		
309	*vw*	*p*	—		
359	*vw*	*dp*	—		
387	*vw*	*pp*	—		
415	*vs*	*pp*	422		
465	*w*	*dp*	—		
555	*vw*	*dp*	—		
659	*s*	*p*	667 (659/670)	—	
670	*vs*	*p*			
785	*w*	*dp*	793	784	*s*
892	*m*	*dp*	892	—	
902	*w*	*dp*	—	—	
1000	*s*	*dp*	1003	1000	*s*
1028	*w*	*dp*	—	1023	*m*
—			—	1049	*w*
1068	*m*	*pp*	1062	1065	*w*
1079	*vw*	*dp*	—	—	
1117	*s*	*p*	1123	—	
1149	*vw*	*pp*	—	—	
1174	*w*	*dp*	1184 (1174/1186)	1171	*s*
1186	*vw*	*dp*		1181	*m*
—			1231	—	
1299	*m*	*dp*	1299	1294	*w*
1354	*vw*	*dp*	1373	1359	*w*
1390	*w*	*pp*	—	1388	*s*
1408	*vw*	*dp*	—	—	
—			—	1435	*w*
1445	*w*	*dp*	—	1447	*m*
1462	*s*	*dp*	1466	1466	*s*
1490	*w*	*dp*	—	—	
2752	*vw*	*p*	—	—	
2774	*vw*	*p*	—	—	
—			—	2855	*w*
2880	*vw*	?	—	—	
2899	*m*	*p*	2890	2903	*w*
2948	*vs*	*p*	2947	2958	*m*
2996	*vs*	*pp*	2998	2995	*s*
3023	*w*	*dp*	—	—	

[1]) Angaben für 10 m Et_4NBr in D_2O
[2]) Angaben für 8 m Et_4NBr in H_2O
[3]) *p* — polarisiert; *pp* — partiell polarisiert; *dp* — depolarisiert

Tabelle 11
Ionenschwingungen von Pr_4N^+ und Bu_4N^+

Pr_4N^+ 1)			Bu_4N^+				
RAMAN-Spektrum			RAMAN-Spektrum 2)			IR-Absorption 3)	
ν_R[cm^{-1}]	Int.	Pol.	ν_R[cm^{-1}]	Int.	Pol.	ν[cm^{-1}]	Int.
308	*s*	*p*	258	*vs*	*p*		
331	*m*	*dp*	312	*w*	?		
371	*m*	*pp*	393	*w*	?		
514	*w*	*dp*	730	*w*	*p*	—	
609	*vw*	*dp*					
754	*vw*	*pp*	780	*m*	*pp*	—	
779	*w*	*p*	881	*m*	*dp*	880	*m*
846	*m*	*dp*	901	*s*	*p*	—	
871	*vw*	?	1023	*w*	?	—	
908	*vw*	*dp*	1055	*m*	*dp*	—	
921	*vw*	*dp*					
938	*w*	*p*	1107	*w*	?	1107	
970	*vw*	*dp*					
1033	*s*	*pp*	1130	*m*	*p*	1145	*w*
1056	*vw*	*dp*					
1102	*m*	*pp*	1274	*vw*	?	—	
1137	*m*	*p*	1319	*m*	*dp*	—	
1158	*w*	*dp*	1350	*vw*	*dp*	1377	*m*
1319	*s*	*dp*	1453	*s*	*dp*	1457	*s*
1337	*vw*	*dp*					
1355	*vw*	*dp*					
1457	*s*	*dp*	2740	*vw*	?	—	
1482	*vw*	*dp*					
2747	*w*	*p*	2877	*s*	?	2883	*m*
2838	*vw*	*p*					
2883	*s*	*p*	2914	*w*	?	—	
2911	*w*	*pp*	2938	*s*	?	2950	*w*
2946	*vs*	*pp*	2972	*m*	?	2972	*s*
2983	*s*	*pp*					

1) 6 m Pr_4NBr in D_2O 2) 3m Bu_4NCl in D_2O 3) 1,75 m Bu_4NBr in H_2O

(siehe Abschn. 3.4., Abb. 10). Verträglich wäre die Temperaturabhängigkeit von $\Delta\delta$ mit H-Brückenbildung der Wassermoleküle zu den inneren $CH_2^{(1)}$-Gruppen; diese erscheint uns aber aus den unter a) und b) genannten Gründen sowie aus geometrischen Erwägungen als äußerst unwahrscheinlich.

Unsere experimentellen Befunde sprechen also gegen die von PORT und PULLMAN [29] postulierten starken H-Brücken $R_4N^+—H_2O$. Offenbar sind diese Konfigurationen, die sich für die WW eines R_4N^+-Ions mit *einem* H_2O-Molekül als energetisch günstig erweisen, in der Lösung nicht realisiert, da für die Hydratation eben die ausgeprägten kollektiven Eigenschaften der Wasserstruktur von entscheidender Bedeutung sind.

5. IR-UNTERSUCHUNGEN

In Ergänzung zu den RAMAN-Messungen (Abschn. 4.3.) haben wir auch einige IR-Untersuchungen zum Einfluß der TAA-Salze auf die Valenzschwingungsbanden des Wassers durchgeführt.

Aus den im Abschn. 4.3. dargelegten Gründen (und um mit vernünftigen Schichtdicken arbeiten zu können) ist es auch hier vorteilhaft, isotopisch verdünnte H_2O-D_2O-Gemische zu verwenden. Wir haben deshalb die Veränderungen der OH-Valenzbande in einer Lösung von HDO in D_2O bei Salzzusatz gemessen.

Alle Messungen wurden an einem BECKMAN-IR 9-Spektrometer im Einstrahlbetrieb durchgeführt. Als Küvettenfenster dienten CaF_2-Platten; die Schichtdicken lagen zwischen 8 und 60 μ. Die Messungen beziehen sich auf Zimmertemperatur.

Ein typisches IR-Spektrum einer ca. 5%igen Lösung von H_2O in D_2O ist in Abb. 29 (links) im Bereich von 2000 cm^{-1} bis 4000 cm^{-1} dargestellt. Neben der OH-Bande der HDO-Moleküle sind die totalabsorbierende OD-Valenzbande der D_2O-Spezies (bei 2500 cm^{-1}) sowie die Kombinationsbande $\nu_1 + \nu_2$ (HDO) bei etwa 3840 cm^{-1} und der Oberton $2\nu_2$ (HDO) bei ca. 2950 cm^{-1} zu erkennen.

Die OH-Valenzbande von HDO ist symmetrisch, weist keine Schultern auf (im Gegensatz zu den RAMAN-Banden von HDO, vgl. Abb. 15) und kann sehr gut durch

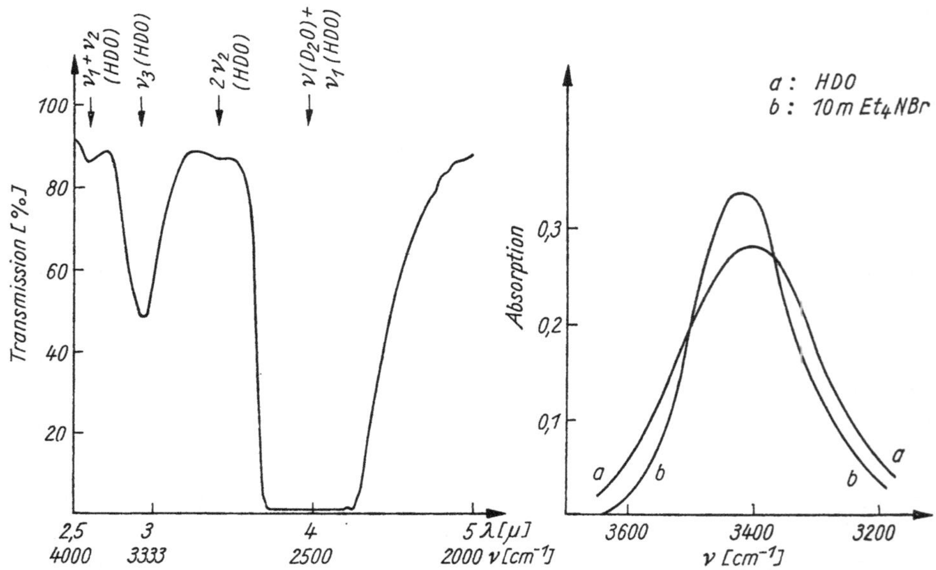

Abb. 29. links: IR-Spektrum einer verdünnten Lösung von HDO in D_2O; *rechts*: ν_3(OH)-Banden für HDO in D_2O (*a*) sowie 10 m Et_4NBr in HDO-H_2O (*b*)

eine GAUSS-Funktion angenähert werden. Für die Bandenparameter wurden folgende (über mehrere Einzelspektren gemittelte) Werte erhalten:

$$\nu_{\max} = (3405 \pm 3)\ \mathrm{cm}^{-1}, \quad \Delta\nu_{1/2} = (256 \pm 5)\ \mathrm{cm}^{-1}$$

Diese Werte stimmen gut mit denen anderer IR-Messungen überein [95].

Auch die IR-Messungen ergeben signifikante Änderungen der OH-Valenzbande bei TAA-Salzzusatz. Am deutlichsten ist die starke Verringerung ihrer Halbwertsbreite mit wachsender Konzentration aller untersuchten R_4NX-Salze (Me_4NBr, Et_4NBr, Bu_4NBr). Diese beträgt nur noch 224 cm^{-1} für 5 m Me_4NBr, 192 cm^{-1} für 10 m Et_4NBr und 233 cm^{-1} für 3 m Bu_4NBr. Damit bestätigen die IR-Spektren die Ergebnisse unserer RAMAN-Messungen, bei denen wir eine starke Abnahme der Breite der D_2O-Valenzbande durch die TAA-Salze gefunden hatten.

Das Peakmaximum der ν_3(OH)-Bande der HDO-Moleküle wird durch den R_4NBr-Zusatz bis zu mittleren Konzentrationen zunächst erhöht (um ca. 10 cm^{-1} bis $c \approx 3$ m für alle drei Bromide), verschiebt sich dann bei weiterer Konzentrationserhöhung aber kaum noch (vgl. das Verhalten von $\nu_{\max}(D_2O)$ in den RAMAN-Spektren, Abb. 19).

Ferner induzieren die TAA-Salze bei sehr hohen Konzentrationen auch hier eine gewisse Asymmetrie im Valenzbandenprofil (Abb. 29 rechts; vgl. die entsprechenden RAMAN-Messungen, Abb. 18).

Die IR-Messungen zeigen also ebenfalls, daß die Verteilung der H_2O-Moleküle über die H-Brückenenergien in den R_4NBr-Lösungen insgesamt wesentlich schärfer als ist im reinen Wasser und daß das Maximum dieser Verteilung bei etwas geringeren Energien liegt.

6. ZUSAMMENFASSUNG

Die Beschreibung der Struktur von Elektrolytlösungen stößt deshalb auf große Schwierigkeiten, weil sie prinzipiell zwei unterschiedliche Solute-Spezies (Kation und Anion) enthalten, die meist auf sehr verschiedene Art mit dem Lösungsmittel wechselwirken und darüber hinaus sich auch gegenseitig beeinflussen, wobei die durch die Ion-Solvens-WW modifizierte Solvensstruktur stark auf die Ion-Ion-WW rückwirkt.

Die Spezifik der wäßrigen Tetraalkylammoniumsalzlösungen besteht darin, daß man neben einem meist rein ionischen Solute (X^-) auch Teilchen in der Lösung hat, die zwar ebenfalls eine Ladung tragen und damit für die Elektroneutralität sorgen (R_4N^+), bei denen aber der Einfluß dieser Ladung zurückgedrängt ist durch die sie umgebenden Alkylgruppen. Dies hat z. B. zur Folge, daß die R_4NX-Lösungen in einigen ihrer Eigenschaften Ähnlichkeiten mit den Lösungen unpolarer Nichtelektrolyte zeigen [118]. Zusammengefaßt ergeben die in dieser Arbeit gewonnenen schwingungsspektroskopischen und Kernresonanzdaten bei Berücksichtigung der Ergebnisse thermodynamischer und anderer spektroskopischer Untersuchungen folgendes Bild von der Struktur dieser Lösungen:

In den verdünnten wäßrigen Lösungen sind starke WW zwischen Kationen und Anionen nicht nachweisbar. Dies zeigt sich z. B. im Fehlen von Unterschieden in den Ionenschwingungsspektren und in den chemischen Verschiebungen der Alkylprotonenresonanzen bei R_4N^+-Salzen mit verschiedenen Anionen.

Unsere Untersuchungen der chemischen Verschiebung der H_2O-Protonenresonanz und der Valenzschwingungsbande der Wassermoleküle in R_4NX-Lösungen beweisen, daß aber der Einbau von TAA-Ionen zu spezifischen Änderungen der Wasserstruktur führt, die in keiner Weise mit denen bei Zugabe kleiner anorganischer Kationen vergleichbar sind. Während von den letzteren (z. B. Li^+, Mg^{2+}, Al^{3+}) durch die starke Ion-Dipol-WW einige wenige H_2O-Moleküle relativ fest gebunden und wahrscheinlich radial orientiert werden, sind es bei den R_4N^+-Ionen die unpolaren Alkylgruppen, die die im Zentrum verschmierte Ladung abschirmen und mit ihren hydrophoben Eigenschaften die Hydratstruktur bestimmen.

Die Analyse der gemessenen molalen Verschiebungen der H_2O-Protonenresonanz und besonders deren Abhängigkeit von der Kationengröße zeigt, daß der Strukturgrad des Wassers in der Umgebung der R_4N^+-Ionen vor allem bei niedrigen Temperaturen gegenüber dem reinen Lösungsmittel erhöht ist, und zwar um so stärker, je länger die kationischen Alkylgruppen sind. Die Veränderungen im Profil der Valenzschwingungsbanden von D_2O und HDO bei R_4NX-Zusatz (vor allem die Verschiebungen des Peakmaximums und des Bandenschwerpunktes nach höheren Frequenzen) machen es jedoch wenig wahrscheinlich, daß dieser „strukturbildende" Einfluß auf einer Zunahme der Zahl oder mittleren Stärke der H-Brücken zwischen den Wassermolekülen in der Hydrathülle beruht (obwohl die Verteilung der H_2O-Moleküle über die H-Brückenenergien insgesamt schärfer wird). Die Werte der relativen chemischen Verschiebungen $\Delta\delta$ zwischen den $CH_2^{(1)}$- und CH_3-Protonen der Alkylgruppen deuten vielmehr genau wie die Anion-Spin-Gitter-Relaxationszeiten in R_4NX-Lösungen darauf hin, daß die an die unpolaren Gruppen angrenzenden Wassermoleküle sich mit ihren Dipolen weitgehend parallel ausrichten. Die Ursache für diese Parallelorientierung dürfte in der Asymmetrie des elektrischen Feldes liegen, das die benachbarten Wasserdipole am Ort dieser H_2O-Moleküle erzeugen.

Die Temperaturkoeffizienten sowohl von $\Delta\delta$ als auch der molalen Verschiebungen der H_2O-Resonanz lassen darauf schließen, daß diese Ordnungsstrukturen in den Hydrathüllen der R_4N^+-Ionen bei Temperaturerhöhung allmählich zerstört werden.

Informationen über Ionenassoziationen liefern vor allem die Konzentrationsabhängigkeiten von $\Delta\delta$. Dabei zeigt sich, daß bis zu mittleren Konzentrationen auf Grund der hydrophoben Eigenschaften der Alkylgruppen eine (wahrscheinlich entropiebedingte) Kation-Kation-Paarbildung dominiert, während in sehr konzentrierten Lösungen offenbar größere Aggregate unter Beteiligung von Anionen gebildet werden. Dabei ist die Kation-Anion-WW nicht durch ein einfaches Coulomb-Potential beschreibbar, sondern wird durch die WW der Hydrathüllen der beiden Ionen (die näherungsweise z. B. durch ein Gurney-Potential berücksichtigt werden kann) wesentlich modifiziert. Dies beweisen unsere Messungen an Pr_4NF-Lösungen, deren Eigenschaften durch abstoßende Kräfte zwischen den Hydrathüllen von Pr_4N^+ und F^- infolge deren struktureller Inkompatibilität sich stark von denen der anderen Halogenide unterscheiden.

Aussagen über Ionenassoziationen in der Lösung können auch aus Raman-Untersuchungen der Ionenschwingungen gewonnen werden. In Me_4N^+- und Et_4N^+-Salzlösungen äußern sich die bei hohen Konzentrationen auftretenden Kation-Anion-WW vor allem in Veränderungen der Frequenzen und Intensitäten im Bereich der kationischen CH-Valenzschwingungen.

Bei den Untersuchungen, die die Veränderungen der H_2O-Protonenresonanz oder -Valenzschwingungsbande bei Elektrolytzusatz betreffen, gibt es wie z. B. auch bei thermodynamischen Messungen Schwierigkeiten mit der Trennung von Kationen- und Anioneneinflüssen. Dies und die immer noch unzureichende Kenntnis von der Struktur des reinen Wassers dürften wesentliche Gründe dafür sein, daß es derzeit nicht möglich ist, ein Strukturmodell für die TAA-Salzlösungen anzugeben, welches alle mit verschiedenen Methoden gewonnenen Daten befriedigend beschreibt. Dagegen kann man mit spektroskopischen Untersuchungen von Eigenschaften der Ionen selbst (wie Protonenresonanz oder Schwingungsspektrum) Aussagen über deren unmittelbare molekulare Umgebung erhalten. Wenn es gelingt, diese mikroskopischen Charakteristika wäßriger Elektrolytlösungen auch mit den vielfältigen thermodynamischen Daten, welche ihre Eigenschaften in einer mehr integralen Form widerspiegeln, zu verknüpfen, wird man zukünftig zu einem wesentlich besseren Verständnis der Struktur dieser wichtigen Systeme kommen.

Unsere NMR-Untersuchungen an verschiedenen nichtwäßrigen TAA-Salzlösungen zeigen, daß hier strukturelle Besonderheiten gegenüber anorganischen Elektrolyten nicht festzustellen sind; offensichtlich deshalb, weil hier die hydrophoben Eigenschaften der Alkylgruppen keine Rolle spielen. So konnten wir z. B. in Acetonitril-Lösungen die üblichen Kation-Anion-Assoziationen nachweisen und zeigen, daß sich diese durch ein einfaches Gleichgewicht gut beschreiben lassen, wobei die berechneten Assoziationskonstanten, wie nach der elektrostatischen Theorie zu erwarten ist, mit steigender

Kationengröße abnehmen. In anderen organischen Lösungsmitteln (z. B. Chloroform, Aceton) sind die R_4N^+-Ionen schon im Bereich der geringsten mit unseren spektroskopischen Methoden noch erfaßbaren Konzentrationen (0,01···0,1 m) fast vollständig in Assoziaten mit Anionen gebunden.

Herrn *Prof. Dr. Dr. h. c. K. Schwabe* und Herrn *Prof. Dr. W. Buchheim* danke ich für die Anregung zu dieser Arbeit und ihr stetes Interesse an deren Fortgang, für hilfreiche Diskussionen und für ihre Unterstützung sowohl in fachlichen als auch in persönlichen Angelegenheiten.

Zu großem Dank verpflichtet bin ich auch *Dr. M. Klose* für die gute Zusammenarbeit und nützliche Ratschläge bei der Durchführung der RAMAN-Messungen sowie ihm und *Dr. G. Irmer* für zahlreiche fachliche Diskussionen.

Der *Sektion Physik* der *Bergakademie Freiberg* danke ich an dieser Stelle für die mir im Rahmen eines Forschungsstudiums gewährten Arbeitsmöglichkeiten sowie für die Unterstützung durch Bereitstellung finanzieller Mittel.

Herrn *Prof. Dr. G. Klose*, Leipzig, und den Mitarbeitern seiner Arbeitsgruppe danke ich dafür, daß sie mir großzügig umfangreiche Meßzeit an ihrem Protonenresonanzspektrometer zur Verfügung gestellt haben.

Dr. T. Weller und *Dr. G. Peinel*, Leipzig, gilt mein Dank für den Einsatz vorliegender Computerprogramme zur Berechnung der Ladungsverteilungen von Me_4N^+ und Et_4N^+.

Bei den Kollegen der mechanischen und elektronischen Werkstatt der Sektion Physik bedanke ich mich dafür, daß sie die im RAMAN-Labor anfallenden Arbeiten mit großer Sorgfalt durchgeführt haben.

7. LITERATURVERZEICHNIS

[1] Frank, H. S., Evans, M. M.: J. Chem. Phys. **13**, 507 (1945)

[2] Wen, W. Y.: in: *Water and aqueous solutions*", edited by R. A. Horne, chapter **15**, Wiley-Interscience, New York 1972

[3] Franks, F., Smith, H. T.: Trans. Farad. Soc. **63**, 2586 (1967)

[4] Lohse, W.: Dissertation, TU Dresden, 1970

[5] Frank, H. S., Wen, W. Y.: Disc. Farad. Soc. **24**, 133 (1957)

[6] Schwabe, K.: Z. phys. Chem. (Leipzig) **247**, 113 (1971)

[7] Schwabe, K.: „*Physikalische Chemie*", Bd. 1, Akademie-Verlag Berlin 1973

[8] Lindenbaum, S.: J. Phys. Chem. **70**, 814 (1966)

[9] Wood, R. H., Anderson, H. L., Beck, J. D., France, J. R., DeVry, W. E., Soltzberg, L. J.: J. Phys. Chem. **71**, 2149 (1967)

[10] Kay, R., Vituccio, T., Zawoyski, C., Evans, D.: J. Phys. Chem. **70**, 2336 (1966)

[11] Bunzl, K. W.: J. Phys. Chem. **71**, 1358 (1967)

[12] Worley, J. D., Klotz, I. M.: J. Chem. Phys. **45**, 2868 (1966)

[13] Narten, A. H., Lindenbaum, S.: J. Chem. Phys. **51**, 1108 (1969)

[14] Pottel, R., Lossen, O.: Ber. Bunsenges. phys. Chem. **71**, 135 (1967)

[15] McMullan, R., Jeffrey, G. A.: J. Chem. Phys. **31**, 1231 (1959)

[16] Darnell, A. J., Greyson, J.: J. Phys. Chem. **72**, 3021 (1968)

[17] Nemethy, G.: Angew. Chem. **79**, 260 (1967)

[18] v. Hippel, P. H., Wong, K.-Y.: J. Biol. Chem. **240**, 3909 (1965)

[19] Nandi, P. K.: J. Phys. Chem. **78**, 1197 (1974)

[20] Vaslow, F.: in: „*Water and aqueous solutions*", edited by R. A. Horne, chapter 12, Wiley-Interscience, New York 1972

[21] Falkenhagen, H.: „*Theorie der Elektrolyte*", S. Hirzel-Verlag, Leipzig 1971

[22] Schwabe, K.: „*Konzentrierte Elektrolytlösungen,*" Sitzungsberichte der SAW zu Leipzig, Berlin 1972

[23] Gast, M.: Dissertation, TU Dresden, 1970

[24] Wen, W. Y.: J. Sol. Chem. **2**, 253 (1973)

[25] Robinson, R. A., Stokes, R. H.: „*Electrolyte Solutions*", Butterworth, London 1965

[26] Conway, B. E., Verral, R. E., Desnoyers, J. E.: Trans. Farad. Soc. **62**, 2738 (1966)

[27] Weller, T., Klöpper, D., Köhler, H. J.: Z. Chem. **14**, 278 (1974)

[28] Weller, T.: Dissertation, Leipzig 1974

[29] Port, G. N. J., Pullmann, A.: Theoret. chim. Acta **31**, 231 (1973)

[30] Stuart, H. A.: „*Die Struktur des freien Moleküls*", Springer-Verlag, Berlin—Göttingen—Heidelberg 1952

[31] Hirschfelder, J. O.: „*Intermolecular Forces*", in: „*Molecular Biophysics*", Academic Press, New York 1965

[32] Kabisch, G.: Dissertation, Bergakademie Freiberg, 1976

[33] Rahman, A., Stillinger, F. H.: J. Chem. Phys. **55**, 3336 (1971)

[34] Hertz, H. G., Zeidler, M.: Ber. Bunsenges. phys. Chem. **68**, 821 (1964)

[35] Danyluk, S. S., Gore, E. S.: Nature **203**, 748 (1964)

[36] Lindman, B., Forsen, S., Forslind, E.: J. Phys. Chem. **72**, 2805 (1968)
[37] Wennerström, H., Lindman, B., Forsen, S.: J. Phys. Chem. **75**, 2936 (1971)
[38] Hertz, H. G., Holz, M.: J. Phys. Chem. **78**, 1002 (1974)
[39] Hertz, H. G., Spalthoff, W.: Ber. Bunsenges. phys. Chem. **63**, 1096 (1959)
[40] Davies, J., Ormondroyd, S., Symons, M. C. R.: J. Chem. Soc., Farad. Trans. II **68**, 686 (1972)
[41] Mariacq-Rousselot, M. M., DeTrobriand, A.: J. Phys. Chem. **76**, 1455 (1972)
[42] Lo Surdo, A., Wirth, H. E.: J. Phys. Chem. **76**, 130 (1972)
[43] Randall, E. W., Shaw, D.: Spectrochim. Acta **23**A, 1235 (1967)
[44] Larsen, D. W., Wahl, A. C.: Inorg. Chem. **4**, 1281 (1965)
[45] Buchson, R. C., Smith, G. S.: J. Phys. Chem. **68**, 1875 (1964)
[46] Hindman, J. C.: J. Chem. Phys. **36**, 1000 (1962)
[47] Pople, J. A., Schneider, W. G., Bernstein, H. J.: „*High-resolution nuclear magnetic resonance*", McGraw-Hill, New York 1959
[48] Fratiello, A., Lee, R. E., Nishida, V. M., Schuster, R. E.: J. Chem. Phys. **48**, 3705 (1968)
[49] Matwiyoff, N. A., Taube, H.: J. Am. Chem. Soc. **90**, 2796 (1968)
[50] Hertz, H. G.: in: Falkenhagen, H.: „*Theorie der Elektrolyte*", S. Hirzel-Verlag, Leipzig 1971
[51] Shoolery, J. N., Alder, B. M.: J. Chem. Phys. **23**, 805 (1954)
[52] Hindman, J. C.: J. Chem. Phys. **44**, 4582 (1966)
[53] Schwabe, K.: Vortrag zur Arbeitstagung „Physik der Elektrolyte", Güstrow, Oktober 1975
[54] Davies, J., Ormondroyd, S., Symons, M. C. R.: Trans. Farad. Soc. **67**, 3465 (1971)
[55] Berger, Ch.: Dissertation, TH Merseburg 1975
[56] Lindenbaum, S., Boyd, G. E.: J. Phys. Chem. **68**, 911 (1964)
[57] Tamaki, K.: Bull. Chem. Soc. Japan **40**, 38 (1967)
[58] Blandamer, M. J., Foster, M. J., Hidden, N. J., Symons, M. C. R.: Trans. Farad. Soc. **64**, 3427 (1968)
[59] Kay, R. L., Evans, D. W.: J. Phys. Chem. **70**, 2325 (1966)
[60] Hertz, H. G.: Ber. Bunsenges. phys. Chem. **68**, 907 (1964)
[61] Treiner, C., Tzias, P., Chemla, M., Poltoratskij, G. M.: J. Chem. Soc., Farad. Trans. I **72**, 2007 (1976)
[62] Evans, D. F., Zawoyski, C., Kay, R. L.: J. Phys. Chem. **69**, 3878 (1965)
[63] Priggine, I., Defay, R.: „*Chemische Thermodynamik*, Deutscher Verlag für Grundstoffindustrie, Leipzig 1962,
[64] Petrucci, S.: „*Ionic Interactions*", Vol. 1, chapter 3, Academic Press, New York 1971
[65] Evans, D. F., Gardam, P.: J. Phys. Chem. **72**, 3281 (1968)
[66] Reynolds, M. B., Kraus, C. A.: J. Am. Chem. Soc. **70**, 1709 (1948)
[67] McDowell, M. J., Kraus, C. A.: J. Am. Chem. Soc. **73**, 3293 (1951)
[68] Jhon, M. S., van Artsdalen, E. R., Grosh, J., Eyring, H.: J. Chem. Phys. **47**, 2231 (1971)
[69] Wen, W. Y., Nara, K.: J. Phys. Chem. **71**, 3907 (1967)
[70] Hertz, H. G., Lindman, B., Siepe, V.: Ber. Bunsenges. phys. Chem. **73**, 542 (1969)
[71] Howarth, O. W.: J. Chem. Soc., Farad. Trans. I **71**, 2303 (1975)
[72] Ceranowski, L. D.: Ph. D. thesis, Princeton University, 1969 (zitiert in Ref. [24])
[73] Schwabe, K., Hoffmann, W.: persönliche Mitteilung
[74] Frank, H. S.: Z. Phys. Chem. **228**, 364 (1965)
[75] Ramanathan, P. S., Krishnan, C. V., Friedman, H. L.: J. Sol. Chem. **1**, 237 (1972)
[76] Hinton, J. F., Amis, E. S.: Chem. Rev. **71**, 627 (1971)
[77] Fister, F., Hertz, H. G.: Ber. Bunsenges. phys. Chem. **71**, 1032 (1967)
[78] Scherer, J. R., Go, M. K., Kint, S.: J. Phys. Chem. **78**, 1304 (1974)

[79] PLACZEK, G.: in: E. MARX: „*Handbuch der Radiologie*“, Bd. IV/2, Akad.-Verlagsges., Leipzig 1934
[80] SAIDEL, A. N., PROKOFJEW, W. K., RAISKI, S. M.: „*Spektraltabellen*“, Verlag Technik, Berlin 1961
[81] SUSCHTSCHINSKIJ, M. M.: „*Ramanspektren von Molekülen und Kristallen*“, Akademie-Verlag, Berlin 1974
[82] EISENBERG, D., KAUZMANN, W.: „*The Structure and Properties of Water*“, University Press Oxford 1969
[83] GORBUNOV, B. S., NABERUKHIN, Y. I.: Zhurnal Strukt. Chim. **16**, 703 (1975)
[84] WALRAFEN, G. E.: in: „*Water a Comprehensive Treatise*, Vol. 1 (Ed. F. Franks), Plenum Press, New York 1972
[85] BUSING, W. R., HORNIG, D. F.: J. Phys. Chem. **65**, 284 (1961)
[86] FALK, M., FORD, T. A.: Canad. J. Chem. **44**, 1699 (1966)
[87] WALRAFEN, G. E.: J. Chem. Phys. **50**, 567 (1969)
[88] SENIOR, W. A., VERRALL, R. E.: J. Phys. Chem. **73**, 4242 (1969)
[89] SCHERER, J. R., GO, M. K., KINT, S.: J. Phys. Chem. **77**, 2108 (1973)
[90] MURPHY, W. F., BERNSTEIN, H. J.: J. Phys. Chem. **76**, 1147 (1972)
[91] CUNNINGHAM, K., LYONS, P. A.: J. Chem. Phys. **59**, 2132 (1973)
[92] WALDRON, R. D.: J. Chem. Phys. **26**, 809 (1957)
[93] WESTON, R. E., Jr.: Spectrochim. Acta **18**, 1257 (1962)
[94] HARTMANN, K. A.: J. Phys. Chem. **70**, 270 (1966)
[95] WYSS, H. R., FALK, M.: Canad. J. Chem. **48**, 607 (1970)
[96] WALL, T. T., HORNIG, D. F.: J. Chem. Phys. **47**, 784 (1967)
[97] KECKI, Z., DRYJANSKI, P., KOSZLOWSKA, E.: Roczniki Chem. **42**, 1749 (1968)
[98] WALRAFEN, G. E.: J. Chem. Phys. **52**, 4176 (1970)
[99] WALRAFEN, G. E.: J. Chem. Phys. **55**, 768 (1971)
[100] MUNDY, W. C., SPEDDING, F. H.: J. Chem. Phys. **59**, 2183 (1973)
[101] GUTIERREZ, L., MUNDY, W. C., SPEDDING, F. H.: J. Chem. Phys. **61**, 1953 (1974)
[102] LUCAS, M., DE TROBRIAND, A., CECCALDI, M.: J. Phys. Chem. **79**, 913 (1975)
[103] PIMENTEL, G. C., MCCLELLAN, A. L.: „*The Hydrogen Bond*“, „Freeman & Co, San Francisco 1960
[104] KABISCH, G.: unveröffentlichte Ergebnisse
[105] PHILIP, P. R., JOLICOEUR, C.: J. Phys. Chem. **77**, 3071 (1973)
[106] IRISH, D. E.: in: „*Ionic Association*“, edited by S. Petrucci, Vol. 2, chapter 9, Academic Press, New York 1971
[107] OLIVER, B. G., JANZ, G. J.: J. Phys. Chem. **75**, 2948 (1971)
[108] EDSALL, J. T.: J. Chem. Phys. **5**, 225 (1937)
[109] BOTTGER, G. L., GEDDES, A. L.: Spectrochim. Acta **21**, 1701 (1965)
[110] ANHOUSE, S. J., TOBIN, M. C.: Spectrochim. Acta **28A**, 2141 (1972)
[111] HARMON, K. M., GENNICK, I., MADEIRA, S. L.: J. Phys. Chem. **78**, 2585 (1974)
[112] VON DER OHE, W.: J. Chem. Phys. **62**, 3933 (1975)
[113] PYNDYK, A. M., ALIJEV, M. R., ALEKSANJAN, V. T.: Optika i Spektroskopija **36**, 676 (1974)
[114] KABISCH, G., KLOSE, M.: J. Raman Spectr. **7**, 311 (1978)
[115] RANK, D. H., SAKSENA, B. D., SHULL, E. R.: Disc. Farad. Soc. **9**, 187 (1950)
[116] SHULL, E. R., OAKWOOD, T. S., RANK, D. H.: J. Chem. Phys. **21**, 2024 (1953)
[117] SYRKIN, J. K., WOLKENSTEIN, M. W.: Acta Physicochimica URSS **2**, 303 (1935)
[118] „*Water, a comprehensive treatise*“, edited by F. Franks, Vol. 2, Plenum Press, New York 1973
[119] SARTORI, G., FURLANI, C.: Z. Phys. Chem. NF **15**, 336 (1958)

ABHANDLUNGEN DER SÄCHSISCHEN AKADEMIE DER WISSENSCHAFTEN ZU LEIPZIG

Mathematisch-naturwissenschaftliche Klasse

Band 49

Heft 1 Dr. Ernst-Gerhard Mahn, **Vegetationsaufbau und Standortverhältnisse der kontinental beeinflußten Xerothermrasengesellschaften Mitteldeutschlands**
1965. 138 Seiten — 24 Abbildungen, davon 20 auf 8 Kunstdrucktafeln — 37 Tabellen
4° — M 30,60

Heft 2 Prof. Dr.-Ing. Dr. h. c. Kurt Schwabe, **Elektroenergie und Brennstoffelemente**
1966. 19 Seiten — 13 Abbildungen — 8 Tabellen — 4° — M 4,20

Heft 3 Prof. Dr. Dr. h. c. Maximilian Klinkowski, **Die Phytoalexin-Theorie von K. O. Müller**
1966. 23 Seiten — 15 Abbildungen — 4° — M 3,70

Heft 4 Felix Lampadius und Dankward Bockmann, **Erfahrungen zur Abwehr von chronischen Rauchschäden mit waldbaulichen Mitteln im westsächsischen Hügelland**
1967. 20 Seiten — 9 Abbildungen auf 4 Kunstdrucktafeln — 11 Tabellen — 4° — M 3,50

Heft 5 **Internationales Symposium Brennstoffelemente, Dresden, 29. 3.—1. 4. 1967**
Herausgegeben von Prof. Dr.-Ing. Dr. h. c. Kurt Schwabe unter Mitarbeit von Dr. E. Winkler
1968. 366 Seiten — 228 Abbildungen — 40 Tabellen — 4° — M 48,—

Band 50

Heft 1 Prof. Dr. Peter Friedrich Matzen, **Probleme der operativen Skoliosenbehandlung**
1968. 26 Seiten — 29 Abbildungen — 4° — M 9,50

Heft 2 Dr. Oskar Intrau, **Kompositionstafeln quaternärer quadratischer Formen**
1970. XXIV, 121 Seiten — 4° — M 16,20

Heft 3 Felix Lampadius, **Der Burkhardtswald bei Aue als klassisches Beispiel waldbaulicher Rauchschadenabwehr**
1969. 24 Seiten — 1 Faltkarte — 6 Tabellen — 4° — M 4,50

Heft 4 Dr. habil. Günter Sachse, **Die Reinigung radioaktiv kontaminierter Abwässer durch Kontaktenthärtung und Ionenaustausch**
1971. 132 Seiten — 91 Abbildungen, davon 60 auf 23 Kunstdrucktafeln — 67 Tabellen
4° — M 26,—

Band 51

Heft 1 **Beiträge zur Chemie und Technologie der Brennstoffe**
Gedenkschrift für Prof. Dr. techn. habil. Anton Lissner
Herausgegeben von Prof. Dr.-Ing. Dr.-Ing. eh. Erich Rammler
1971. 146 Seiten — 1 Titelbild — 57 Textabbildungen, davon 6 auf 3 Tafeln — 35 Tabellen — 4° — M 26,—

Heft 2 Dr. Günter Herrmann, **Beiträge zur Bestimmung von Schwefeldioxid in der Atmosphäre und Herstellung von Schwefeldioxid-Luft-Gemischen**
1971. 179 Seiten — 74 Abbildungen, davon 13 auf 10 Kunstdrucktafeln — 41 Tabellen
4° — M 29,—

Heft 3 Prof. Dr. med. Georg Merrem, **Die parasagittalen Meningiome**
Zum Gedächtnis des Begründers der deutschen Neurochirurgie Prof. Dr. Fedor Krause 1857—1937
1971. 38 Seiten — 20 Abbildungen — 1 Tabelle — M 10,—

Heft 4 Prof. Dr. Maximilian Klinkowski, **Epidemien und Pandemien pflanzenpathogener Krankheitserreger in ihrer Beziehung zum Menschen**
1971. 54 Seiten — 41 Abbildungen — 4 Tabellen — 4° — M 10,70

Heft 5 Prof. Dr. Gustav E. R. Schulze und Dr. Peter Paufler, **Die plastische Verformung „spröder“ intermetallischer Verbindungen und ihre Elementarprozesse**
1972. 24 Seiten — 14 Abbildungen — 11 Tabellen — 4° — M 5,40

Band 52

Heft 1 — Prof. Dr. Kurt Mothes, **Über sekundäre Pflanzenstoffe**
1972. 29 Seiten — 18 Abbildungen — 4° — M 5,50

Heft 2 — Prof. Dr. Dietrich Uhlmann, **Störungen des biologischen Gleichgewichts in Gewässern**
1973. 17 Seiten — 16 Abbildungen — 4° — M 4,50

Heft 3 — Felix Lampadius, **Beitrag zum Nachweis der Wertminderung des Waldes als Folge von Immissionseinwirkung**
1974. 27 Seiten — 4 Abbildungen — 8 Tabellen — 4° — M 6,50

Heft 4 — Dr. Manfred Klose, **Beiträge zur D- und V-Struktur von Wasser und speziellen wäßrigen Elektrolytlösungen**
1974. 63 Seiten — 22 Abbildungen — 21 Tabellen — 4° — M 16,—

Heft 5 — Prof. Dr. med. Horst Hanson, **Eiweißumsatz und Differenzierungsvorgänge tierischer Zellen**
1974. 26 Seiten — 13 Abbildungen — 9 Tabellen — 4° — M 6,—

Band 53

Heft 1 — **3. Internationales Symposium über Probleme der Passivität von Metallen**
(Technische Universität Dresden, 29.—31. 5. 1975)
1979. 171 Seiten — 150 Abbildungen, davon 26 auf 10 Tafeln — 27 Tabellen — 4°
M 42,—

Heft 2 — Prof. Dr. Lothar Jentsch, **Zur Existenz von regulären Lösungen der Elastostatik stückweise homogener Körper mit neuen Kontaktbedingungen an den Trennflächen zwischen zwei homogenen Teilen**
1977. 45 Seiten — 4° — M 18,—

Heft 3 — Prof. Dr.-Ing. Dr. h. c. mult. Kurt Schwabe und Dr. Christian Queck, **Freie Überführungsenthalpien von Einzelionen aus Wasser in organische Solventien. Eine kritische Übersicht**
1979. 104 Seiten — 38 Abbildungen — 47 Tabellen — 4° — M 22,—

Heft 4 — Dr. Karl Strehmel, **Näherungsmethoden zur Ermittlung von transsonischen Profilströmungen mit Verdichtungsstößen**
1978. 78 Seiten — 25 Abbildungen — 4° — M 23,—

Band 54

Heft 1 — Prof. Dr. phil. Ernst Neef, **Analyse und Prognose von Nebenwirkungen gesellschaftlicher Aktivitäten im Naturraum** *In Vorbereitung*
Mit Beiträgen von A. Bernhardt, K. D. Jäger und K. Mannsfeld
1979. 70 Seiten — 7 Abbildungen — 1 Falttafel — 2 Tabellen — 4° — M 13,50

Heft 2 — Dr. Gunter Kabisch, **Schwingungsspektroskopische und Kernresonanzuntersuchungen an Tetraalkylammoniumsalzlösungen** *Vorliegendes Heft*

Bis Band 48 vom Zentralantiquariat der Deutschen Demokratischen Republik, Leipzig, ab Band 49 vom Akademie-Verlag, Berlin, zum Teil noch lieferbar

Bestellungen einzeln oder zur Fortsetzung durch eine Buchhandlung erbeten

AKADEMIE-VERLAG

DDR - 108 Berlin, Leipziger Straße 3—4

Bei Fragen zur Produktsicherheit wenden Sie sich bitte an:
If you have any questions regarding product safety,
please contact:

Walter de Gruyter GmbH
Genthiner Straße 13
10785 Berlin
productsafety@degruyterbrill.com